知识就在得到

# 量子力学究竟是什么

# QUANTUM MECHANICS FOR GENERALISTS

万维钢 / 著

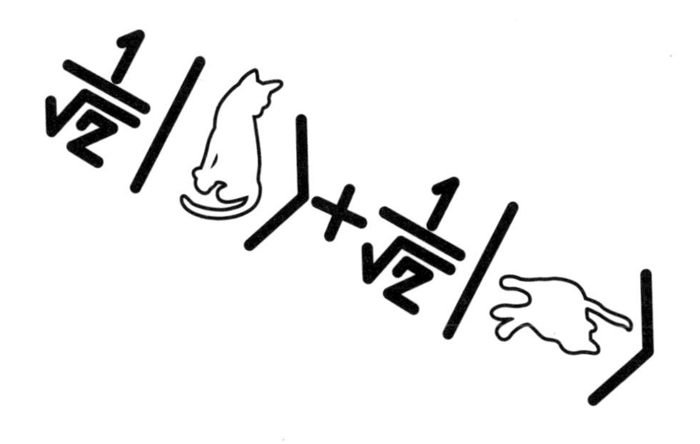

新 星 出 版 社 NEW STAR PRESS

**图书在版编目（CIP）数据**

量子力学究竟是什么 / 万维钢著 . -- 北京 ：新星出版社，2022.1
ISBN 978-7-5133-4698-6
Ⅰ . ①量… Ⅱ . ①万… Ⅲ . ①量子力学 - 普及读物
Ⅳ . ① O413.1-49

中国版本图书馆 CIP 数据核字（2021）第 202042 号

# 量子力学究竟是什么

万维钢 著

**责任编辑**：白华昭
**策划编辑**：张慧哲　郗泽潇
**营销编辑**：吴雨靖　wuyujing@luojilab.com
**封面设计**：李　岩　柏拉图
**版式设计**：靳　冉
**责任印制**：李珊珊

---

**出版发行**：新星出版社
**出 版 人**：马汝军
**社　　址**：北京市西城区车公庄大街丙 3 号楼　100044
**网　　址**：www.newstarpress.com
**电　　话**：010-88310888
**传　　真**：010-65270449
**法律顾问**：北京市岳成律师事务所

---

**读者服务**：400-0526000　service@luojilab.com
**邮购地址**：北京市朝阳区华贸商务楼 20 号楼　100025

---

**印　　刷**：北京盛通印刷股份有限公司
**开　　本**：880mm × 1230mm　1/32
**印　　张**：13.875
**字　　数**：198 千字
**版　　次**：2022 年 1 月第一版　2022 年 1 月第一次印刷
**书　　号**：ISBN 978-7-5133-4698-6
**定　　价**：69.00 元

---

我们都认为你这个理论是疯狂的。我们之间的分歧在于它是否疯狂到了足以正确的地步。我自己的感觉是它疯狂的程度还不够。

——尼尔斯·玻尔

遇见量子，就如同一个来自边远地区的探险者第一次看见汽车。这个东西肯定是有用的，而且有重要的用处，但到底是什么用处呢？

——约翰·惠勒

# 总序　写给天下通才

感谢你拿起这本书，我希望你是一个通才。我对你有一个特别大的设想。

我设想，如果你不满足于仅仅靠某一项专业技能谋生，不想做个“工具人”；如果你想做一个对自己的命运有掌控力的、自由的人，一个博弈者，一个决策者；如果你想要对世界负点责任，要做一个给自己和别人拿主意的“士”，我希望能帮助你。

怎么成为这样的人？一般的建议是读古代经典。古代经典的本质是写给贵族的书，像中国的“六艺”、古罗马的“七艺”，说的都是自由技艺，都是塑造完整的人，不像现在标准化的教育都是为了训练“有用的人才”。经典是应该读，但是那远远不够。

今天的世界比经典时代要复杂得多，今天学者们的思想比古代经典要先进得多。现在我们有很成熟的信息和决策分析方法，而古人连概率都不懂。博弈论都已经如此发达了，你不能还捧着一本《孙子兵法》就以为可以横扫一切权谋。我主张你读新书，学新思想。经典最厉害的时代，是它们还是新书的时代。

就现在我所知道的而言，我认为你至少应该拥有如下这些见识——

对我们这个世界的基本认识，科学家对宇宙和大自然的最新理解；

对“人”的基本认识，科学使用大脑，控制

情绪；

社会是怎么运行的，个人与个人、利益集团与利益集团之间如何互动；

能理解复杂事物，而不仅仅是执行算法和走流程；

一定的抽象思维和逻辑运算能力；

掌握多个思维模型，遇到新旧难题都有办法；

一套高级的价值观；

……

你需要成为一个通才。普通人才不需要了解这些，埋头把自己的工作做好就行，但是你不想当普通人才。君子不器，劳心者治人，君子之道鲜矣，你得把头脑变复杂，你得什么都懂才好。你不能指望读一两本书就变成通才，你得读很多书，做很多事，有很多领悟才行。

我能帮助你的，是这一套小书。我是一个科学作家，在得到 App 写一个叫作“精英日课”的专栏，这个专栏专门追踪新思想。有时候我随时看到有意思的新书、有意思的思想就写几期课程；有时候我做大量调研，写成一个专题。这套书脱胎于专栏，内容经过了超过十万读者的淬炼，书中还有读者和我的问答互动。

通才并不是对什么东西都略知一二的人，不是只知道各个门派的趣闻轶事的人，而是能综合运用各个门派的武功心法的人。这些书并不是某个学科知识的“简易读本”，我的目的不是让你简单知道，而是让你领会其中的门道。当然你作为非专业人士不可能去求解爱因斯坦引力场方程，但是你至少能领略到相对论的纯正的美，而不是卡通化、儿童化的东西。

这些书不是长篇小说，但我仍然希望你能因为体会到其中某个思想、跟某一位英雄人物共鸣，而产生惊心动魄的感觉。

我们幸运地生活在科技和思想高度发达的现代世界，能轻易接触到第一流的智慧，我们拥有比古人好得多的学习条件。这一代的中国人应该出很多了不起的人物才对，如果你是其中一员，那是我最大的荣幸。

万维钢

2020 年 5 月 7 日

# 目录 CONTENTS

1. 诡秘之主 001
2. 孤单光量子 016
3. 原子中的幽灵 032
4. 德布罗意的明悟 048
5. 海森堡论不确定性 064
6. 薛定谔解出危险思想 082
7. 概率把不可能变成可能 096
8. 狄拉克统领量子电动力学 112
9. 世间万物为什么是这个样子 128
10. 全同粒子的怪异行为 146
11. 爱因斯坦的最后一战 159
12. 世界是真实的还是虚拟的 176

CONTENTS


13. 鬼魅般的超距作用 190

14. 波函数什么都知道 202

15. 用现在改变过去 217

16. 你眼中的现实和我眼中的现实 229

17. 猫与退相干 240

18. 道门法则 252

19. 宇宙如何无中生有 271

20. 量子通信祛魅 284

21. 量子计算难在哪儿 296

22. 量子佛学 310

23. 物理学的进化 325

番外篇 1：要么电子有意识，要么一切都是幻觉 343

CONTENTS

番外篇 2：这个宇宙的物理学并不完美，而这很值得庆祝 354
番外篇 3：一个常数的谜团 368
番外篇 4：我们生活的这个世界是计算机模拟出来的吗 379
番外篇 5：“量子隧道效应”的新谜题 389
番外篇 6：物理学家的冷笑话 395
量子英雄谱 407
注释 409
参考书目 427

# 1. 诡秘之主

现在有谁不是量子力学的爱好者呢？人人都知道量子力学讲究个不确定性，所谓“遇事不决，量子力学”。人们都爱把“量子”放入公司和品牌的名称中，所以有了“量子基金”“量子波动速读”，乃至“量子推拿”。

你可能已经听过不同版本的量子力学讲解，有侧重计算的学院版、讲故事的历史版、可爱的卡通版，还有霸道总裁假装学过版。量子力学已经是一种文化，每个人都可以有自己的体验角度。

我要说的，是最本原的角度。

诡秘。

这是一个被我们之中最聪明的头脑探索了一百年的秘密。听说它的冰山一角，你就足以动容；稍微了解，你就会为之痴迷；深入钻研进去，你可能会陷入绝望，乃至疯狂。

量子力学是关于我们生活的这个世界的本原的秘密。爱因斯坦、玻尔、薛定谔、海森堡、狄拉克、泡利、德布罗意、费曼……20世纪物理学里最耀眼的英雄都是因为在量子力学中建功立业而留下姓名。

一开始，物理学家只是问了一些非常基本的问题：世界上的各种东西都是由什么组成的？如果原子是最小的单位，那为什么这个原子和那个原子的化学性质如此不同呢？原子还能再分解成别的东西吗？光，到底是什么？这些问题几千年前就有人问，只不过直到一百年前，我们才有了足够的技术和数学工具去真正探索它们。

结果这一探索，物理学家发现，微观世界的东西和宏观世界完全不同，它们似乎在遵循某些非常怪异的规则。

比如说，如果把你限制在一个各个面都是墙的房间里，你想要出来就必须在墙上打个洞，对吧？那你是否会想到，中国有个“崂山道士”的故事，说有一种叫作“穿墙术”的法术，可以让人直接穿墙而过，既不破坏墙，也不伤害人？

在微观世界里，实施这个法术是常规操作。把一个电子限制在势能比它自身能量高的区域内，这个电子有一定的概率能穿“墙”而出。那既然电子可以，质子当然也可以，原子也可以……一直到由原子组成的人，在原则上，其实也可以——只不过你能成功穿墙的概率非常非常小而已。

这还不算什么。日常世界里的你，在任何一个特定时刻，都只能出现在一个特定的地方，对吧？比如你此时此刻不能既在北京又在哈尔滨。但是在微观世界里，电子可以同时出现在所有的地方——它不但能既在这里又在那里，而且能同时沿着好几条不同的路线前进。

日常世界的桌子上不会突然凭空冒出一个苹果和一个橘子来，你想要水果得自己出去买才行。但是在微观世界里，真空之中，就可以突然凭空冒出一个电子和一个正电子来，只不过你几乎不可能抓住它们而已。

微观的世界，充满诡秘。

那你可能说，这帮物理学家为什么非得琢磨这些怪异的东西？难道老老实实地研究我们日常的世界还不够吗？

这些怪异行为可不是物理学家幻想出来的，它们都是实验和逻辑推理的结果。为了解释日常世界的“正常”，你只能接受微观世界的“不正常”。换一个视角，也许应该说微观世界的那些怪异行为才是正常的，而我们在日常生活里的感知，都是大尺度带来的错觉。

哪有什么岁月静好，不过是微观的粒子们在替你诡秘前行。

***

在对微观世界的诡秘进行探索的过程中，物理学操纵日常世界的能力也越来越强。就好像修仙小说的主人公一边更新世界观、一边掌握新法术一样，真是认知升级决定了能力升级。

量子力学带给我们的回报，远远超出了所有人的想象。我们终于明白了原子到底是怎么回事儿，我们能精确推演日常世界的大部分自然现象；我们揭开了原子核的秘密，制造了原子弹，建造了核电站；我们深入理解了固体物理学，发明了半导体和计算机芯片；我们能精确地测量，甚至能操纵单个原子；我们能解释远在天边的白矮星是怎么回事儿……量子力学是这个世界的底层逻辑，哺育了几乎所有的现代先进科技。

然而物理学的英雄们仍然没找到量子力学的最终答案。我们可以接受微观世界的各种行为，但是你要说规则就是这样了，那似乎有点不合逻辑。

比如说，一个电子从“同时出现在所有地方”，到“恰好在这里被你找到”，完全是一瞬间的事儿，甚至可以说根本就不需要时间——那这一瞬间到底发生了什么呢？什么样的事情，可以不花费时间就发生改变呢？

再进一步，这个电子最终在哪里被你找到，居然是完全随机的。世界上怎么能有完全随机的事儿呢？为什么是在这里而不是在那里，这总得有点原因吧？

有些人——比如爱因斯坦——就怀疑，量子世界种种诡秘的背后，必定还有一个隐藏得更深的，诡秘之主。

爱因斯坦死不瞑目，可是那时候已经没有多少人愿意听他说话了。

***

在早期的热闹之后，曾经有三十年之久，绝大多数物理学家都认为，继续探索量子力学的秘密是徒劳的，我们应该专注在计算和应用上，毕竟现有的量子理论已经够用了。在那些年里，物理学家“上天入地”，几乎把你能想到和想不到的所有自然法则都研究明白了。而量子力学，只是他们的计算工具而已。

量子力学的应用无处不在，但是人们对量子力学秘密的探索，沉寂了。

好在我们生得晚，还有机会看到这场探索的后续。从 20 世纪六七十年代开始，又有人提出了新的假说，继续探索那个诡秘之主。新技术允许物理学家做各种巧夺天工的实验。对这个秘密的探索，现在是一个非常活跃的研究领域。

而物理学家走得更远、更深之后，诡秘之感不但没有减弱，反而还加重了。

新的实验首先证明，所谓“量子纠缠”，是真的。也就是互相关联的两个粒子，哪怕距离非常遥远，只要其中一个的量子态发生改变，另一个就会立即随之改变。这意味着它们之间存在某种超光速的，甚至是瞬时的协调。

我们后文会讲到，爱因斯坦不接受量子纠缠。可惜爱因斯坦没能看到这个实验结果。不过量子纠缠在某种意义上并不违反爱因斯坦的相对论，因为没有人能利用那个鬼魅般的协调去传递信息。

使用新技术，物理学家有办法只发射一个光子，让它同时沿着两条路径走。实验发现，光子好像在出发之前就已经对两条路径有完全的感知，它能根据路上的不同情况，选择这一趟是走其中一条路，还是同时走过两条路。特别是如果你在其中一条路上放一颗无比敏感的、只要有一个光子打在上面就会爆炸的炸弹，那光子可以在不走这条路的情况下，感知到那颗炸弹的存在（如图 1）[1]。我们会在后文详细讲这个故事。

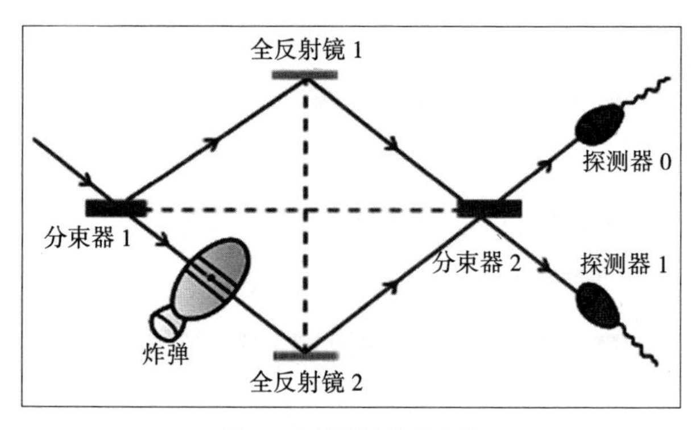


图 1　光子干涉炸弹实验

那个“感知”到底是什么东西呢？

再进一步，老一辈物理学家曾使用过一个名词叫“波粒二象性”，说微观世界里的东西都既是波也是粒子，具体观测结果是什么，取决于你的视角：你用测量波的方法就会得到波，你用测量粒子的方法就会得到一个粒子。那么从微观世界的“二象”到宏观世界的“一象”，变化是发生在什么时候呢？

新一代物理学家可以先假装要测量波，等到光子已经不得不表现出波的样子，但是仍然在飞行之中，还没有最终到达目的地“官宣”的那一刻，突然改变主意，改成要测量粒子，你猜光子会怎么做?

答案是它不但会临时变成粒子，而且还要改写自己之前的行为。这就好比说一个学生在考场上看到试题之后，又重新回到三天前去准备这次考试。

新实验甚至发现，连所谓的“客观现实”都不一定存在。面对同一个实验，两个观察者可以记录下不同的结果，那你说他们真的处在同一个世界之中吗?也许我们每个人都有自己的世界……

怎么解释这些现象?量子力学背后的诡秘到底是什么?现在物理学家提出了几个猜想，一个比一个离奇。

探索仍然在进行之中，没有人知道最终的答案。但是我们可以肯定，真实世界绝对不是人们平常感知的样子，而你有权知道真相。

现在我站在几代物理学家的肩膀上，向你汇报我们对这个秘密的探索经过和最新理解。

学习量子力学能给你一个脱离平庸生活、体验诡秘的视角。我们的解读不是低幼版也不是简化版，我们不胡乱打比方。我将从最基本的概念讲起，带给你量子力学的纯正趣味。我承诺不使用中学生水平以上的数学，咱们主要用“物理直觉”说话。但是我希望你能在学习过程中积极思考，学一点思辨的技巧。我要讲一个探索的故事，你会看到物理学家们是如何一步步刺探未知的，你会学到他们常用的几个心法。

***

我在得到 App 开设的“精英日课”专栏的主编筱颖说，量子力学再难懂也肯定不会比人心更难懂，我对此表示怀疑。专栏第一季的更新时间曾经是每晚 10：43——来自 $10^{-43}$ 秒这个“普朗克时间”。这里的普朗克，指的就是量子力学的创始人之一——马克斯·普朗克（Max Planck），那他长啥样呢？下面这两张照片是他在钻研量子力学之前和之后的样子……

图 2　量子力学的创始人之一——普朗克

这是一门能把花样少年变成毁容大叔的学问，因为它颠覆了太多东西。为了安全地学好这门课程，我希望你先忘记有关这个世界的各种想当然的假定。当然也不是所有你知道的东西都会被颠覆——比如说，以下这些事情，我保证，不管发生什么，它们都还是对的：

第一，数学都是对的。你永远都不用质疑数学结论。

第二，我们说到的所有实验，不论多么离奇，都是对的。它们都经过了几代物理学家的反复验证，不但正确而且精确。我们的一切讨论不是要质疑这些实验，而是琢磨如何理解这些实验。

第三，物理学的守恒定律——包括能量守恒、动量守恒和角动量守恒——都仍然成立。这个宇宙不会凭空送给你什么东西，也不会凭空拿走你的东西……或者，至少不会做得太明显。

第四，你的妈妈仍然爱你。

这几条之外，请你做好思想准备。

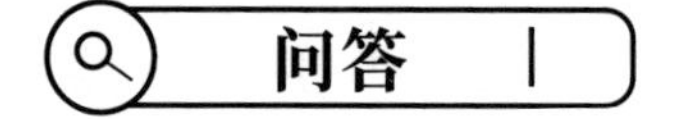


**源来如此：**

那些实验室证明的结果一定是对的，但这个结果的适用范围会不会有变化呢？

**万维钢：**

这是一个合理的问题。如果是社会科学方面的研究，包括心理学，都的确有一个适用范围的问题。适合美国公司的管理规律不一定适合中国公司，适合古代人的社会道德规范不一定适合现代人，适合现代化大城市人群的学习方法不一定适合所有人。

但物理学没有这个问题。这个世界的底层逻辑跟具体的人、具体的环境没关系。印度的电子和中国的电子是完全一样的，外星球的物理学跟地球上的物理学也完全一样。当然像引力的强度、大气的密度这些肯定是各处不一样的，但那些不是最底层的物理规律。最底层研究的是基本粒子，基本粒子哪里都一样。

那你说，你凭什么知道呢？你又没测量过外星，也许外星球的物理学就是跟我们这里不一样。

这是因为我们同处一个宇宙。宇宙各处都不是孤立的，大家有一个共同的起源，宇宙间的物质是到处流动的。组成我们身体的每一个大原子都是非常遥远的某处的某个恒星死亡后的产物。物理学在这个宇宙里一统江湖，绝无遗漏。

所以说，你只要拿自己家里的电子做个实验，发现它们满足某种规律，就可以放心大胆地宣称，全宇宙的电子都满足这个规律。

**Andy、辛癸甲：**

量子力学为什么叫“力学”？一直以来都没听到什么和力相关的概念和结论啊？

**万维钢：**

“力学”这个词首先是历史的传承，叫“量子力学”是为了区别于“经典力学”。

“力学”的英文是 Mechanics，其中并不包含“力”的元素，它的本意是研究物体的运动。像牛顿力学、热力学、流体力学，说的都是某种物体的运动。但“电动力学”的英文是“Electrodynamics”，不带 mechanics，这也许是因为人们在潜意识中认为电磁现象更多是关于“场”的，而不是寻常的物体。

语言名词中往往包含各种对历史和文化的路径依赖，并不是一个严格的系统，所以我们不必对“量子力学”这个说法太过计较。

不过以我的感觉，敢叫“力学”的，就意

味着这门学问是从“第一性原理”——也就是不做任何人为假设，只用最基本的原理——出发推导出来的，特别是其中必须有精确的方程才行。“心理学”没有方程，其中各种说法常常互相矛盾，一点都不精确，所以绝对不能叫“心理力学”。

所以“力学”是个高格调的说法。叫“力学”还意味着这个学问比较偏纯理论。而如果一本书叫《量子物理学》(*Quantum Physics*)，那就意味着其中包罗万象，从理论到应用什么都有。我们这个课程后面会讲到像量子计算和量子通讯这样的应用，而且又不教解方程，严格地说应该叫“量子物理学”——但是我认为叫“量子力学”更酷。

顺便说一句，格调最低的是“科学”。学术界有个观察，真正的科学都有各自的学科名字，物理学就叫物理学，化学就叫化学——只有那些不过硬的、对自己算不算是科学没底气的学科才叫“某某科学”：计算机科学、社会科学、政治科学、环境科学……

## 2. 孤单光量子

19 世纪末到 20 世纪初，世界各国普遍都在闹革命，用李鸿章的话来说叫“三千年未有之大变局”。这句话也适用于物理学的革命。这场革命是经典物理学和现代物理学的分界线。

牛顿和伽利略这些早先的物理学家都做出过非常漂亮的工作，但是他们的手段极其有限，对世界的观察比较被动。他们仰望星空可以，做实验就都很粗糙，无非是弄个滑块啊斜面啊之类的，没有什么科技感。

而19世纪末的欧洲，因为工业革命成功，迎来了一个蒸汽朋克的时代。物理学家有了比较精密的仪器，有了人造光源，特别是可以玩电了，这才像个做实验的样子。当时的数学工具也非常发达，微分方程、统计方法、非欧几何等都已经很成熟了。

不过这时候的物理学还是牛顿物理学的延续，还是经典物理学——但是是很厉害的经典物理学。当时麦克斯韦的电动力学已经深入人心，人们已经知道分子和原子的存在，连热力学都被研究得明明白白的。物理理论自带一种美感，而且公式和实验结果特别吻合，经典物理学是非常精确的科学。

而物理学家看待世界的情绪，已经不再是好奇和敬畏了，而是统治：世间各种自然现象，现在我们都能用理论解释。

比如说“光”。古人研究光只能靠生活常识和简单的思辨。人们早就知道视觉的形成是因为光进入眼睛，而不是眼睛会发射光。人们知道光走直线，光可以互相交叉，光还能有能量——因为阳光照在身上暖洋洋的。牛顿还知道太阳光不是单纯的白色，而是可以分解成不同的颜色。可光到底是什么东西呢？光的颜色是怎么来的呢？

麦克斯韦的电动力学出来以后，物理学家立即就知道了光就是电磁波，光的颜色不同其实就是波长和频率不同。无线电波、红外线、可见光、紫外线、X 射线、γ 射线……它们都是同一种东西，唯一的区别就是频率不一样（注意光的频率和波长的关系是：波长 × 频率 = 光速，所以我们说光的颜色就等于说频率，说频率就等于说波长）。

你看你会了这个知识，再看“光”时是不是有一种江山尽在掌握的感觉呢？

我们这一讲的主人公马克斯·普朗克在 1875 年上大学的时候，他的老师劝他不要再学物理了——因为物理学已经很成熟了，盛宴已过，没有多少留给他研究的空间了。

***

科幻小说作家阿西莫夫有句名言，说科学探索中最激动人心的话不是什么“尤里卡”—— 也就是“我发现了”，而是“这有点怪啊”（that's funny）。

1900 年元旦这天，热力学之父、开尔文男爵威廉·汤姆森（William Thomson）在演讲中说：“在已经基本建成的物理学大厦中，后辈物理学家只要做一些零碎的修补工作就行了……但是，在物理学晴朗的天空的远处，还有两朵小小的令人不安的乌云。”

也就是，这有点怪。

这“两朵乌云”都和光有关。一朵是光速为什么在各个方向都不变，我们知道这导致爱因斯坦发现了狭义相对论；另一朵，是关于黑体辐射的。

我们国内的课本总爱把“黑体”描写成特别抽象的东西，其实黑体很简单。所谓黑体，就是它不反射别的光，它发出的都是它自身的光。太阳、烧红的烙铁、黑暗中的人体，这些东西都可以近似为黑体。黑体发出的光是由它的热量导致的，也就是热辐射。

物理学家发现，黑体热辐射的光谱，跟它具体是什么物体没有关系，完全由黑体的温度决定。一块烙铁也好一块砖头也好，你看一眼它发光的颜色就知道它的温度是多少。发红光那就是温度还不算太高，蓝光就意味着温度很高。严格说来，黑体辐射不会只发单一颜色的光，你看见是红光，只不过是因为红色光的强度最高。给定一个温度，实验物理学家能够非常精确地告诉你黑体辐射光的颜色——也就是频率——的分布曲线，比如像下面这张图。

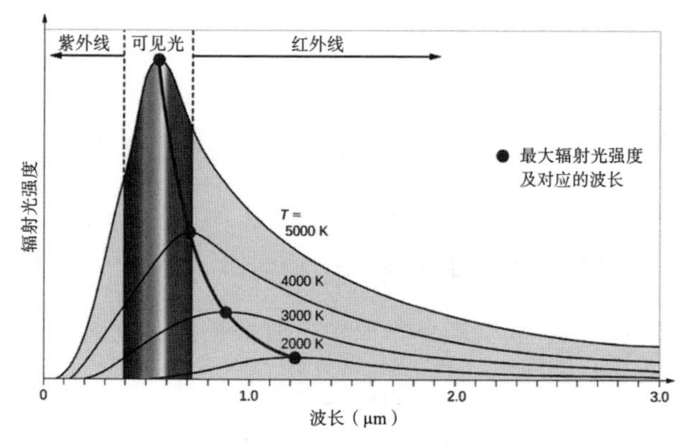


图 3　四种不同温度黑体的辐射光谱 [1]

那请问，黑体辐射的光谱曲线为什么是这样的呢？

理论物理学家都是非常自负的，说你这个曲线这么标准，我一定能把它的公式给你推导出来。当时热力学、统计力学已经非常发达了，物理学家可以精确地描述一堆气体的热运动，而黑体无非就是一块发热的固体呗！物理学家假设，黑体的光来自其中的电子振动产生的电磁波，那我用统计力学一算便知。

谁也没想到，物理学在这里失败了。没有一个理论能解释黑体的发光曲线，特别是在高频率，也就是紫外线以外的地方，有的理论认为黑体发出的能量在高频率处应该是无限大的（图 4 中的瑞利 - 金斯曲线），这显然不可能。人们把这个理论难题称为“紫外灾难”。

这是经典物理学的终结，也是量子力学的开端。

***

1900 年的某一天下午，普朗克在自己家里和一位实验物理学家讨论黑体辐射。实验物理学家把这个事儿给他讲明白就走了，晚上普朗克自己继续琢磨。普朗克换了一个思路。他想，我能不能先不管物理，能不能直接在数学上凑一个公式来描述这条曲线呢？当晚普朗克有如神助，竟然真的凑出来了一个公式——也就是大名鼎鼎的普朗克公式。他立即写明信片把公式告知了那个实验物理学家，并且在 12 天后当众宣读了论文。这真的是一个非常完美的公式，它与实验结果完美符合（见图 4，图中圆点为实验数值）。

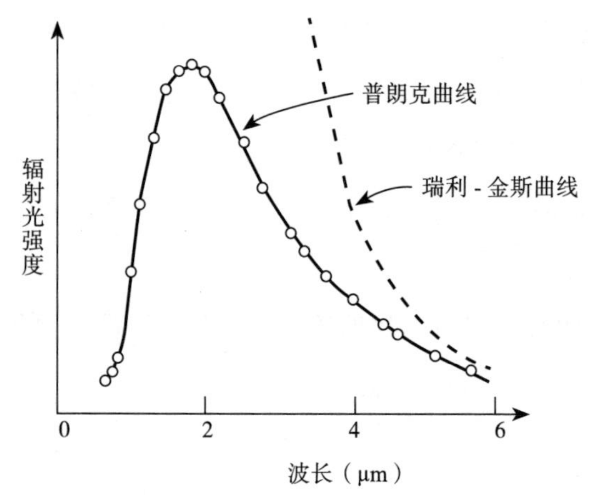


图 4　普朗克曲线与瑞利 - 金斯曲线[2]

可是从物理上来说，这个公式怎么解释呢？普朗克苦苦思索了几个月，最后发现只要满足一个物理假设，就可以推导出这个公式。

这个假设是，电子振动产生电磁辐射的能量不能是连续的，而应该是一份一份的，就好像上台阶一样，你每次必须走一整阶，而不能走半阶。普朗克规定每一份辐射能量的最小单位是由光的频率决定的：$E=hf$，其中 $E$ 是能量，$f$ 是频率，$h$ 是一个常数，我们现在称之为“普朗克常数”，$h=6.626\times10^{-34}$ 焦耳·秒。

有了这个假设，高频率辐射光的一份能量就很大了，那么根据热力学，它出现的概率就比较低，所以高能辐射就没有那么多，这就避免了“紫外灾难”。

普朗克凭借这个假设和普朗克公式拿到了1918年的诺贝尔物理学奖。但是普朗克并不知道那“一份一份的”能量，意味着什么。

第一个把天机说破的还得是我佛爱因斯坦。这就引出了另一个实验——“光电效应”实验。

物理学家在实验中无意发现，如果你把一束光照射在金属板上，有时候金属板会往外发射电子。表面上看这很容易理解，光毕竟是电磁波，电磁波的能量转化成电子的动能，电子就跑出来了。

但奇怪的是，电子如何往外跑，和光的强度

没有关系，只和光的颜色，也就是频率有关系。这就好比说，红色的光，不管多亮也不能让电子跑出来；你要用绿光，哪怕光线很弱电子也能跑出来；要是蓝光，电子不但能跑出来，速度还很快（图 5）。

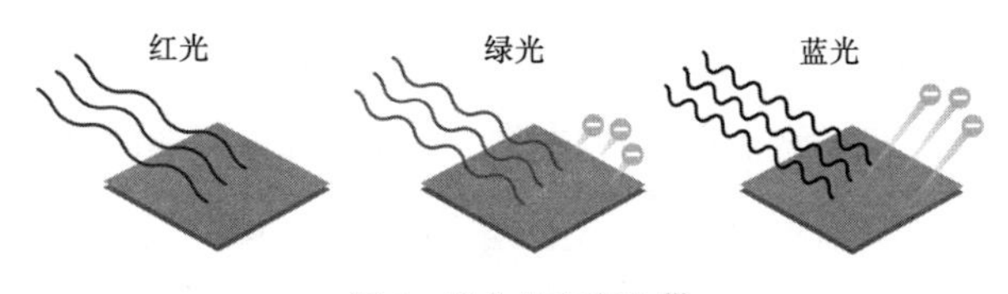


图 5　光电效应实验[3]

这个现象无法用经典物理学解释。在麦克斯韦的理论中，电磁波的能量只跟强度有关，和频率没关系。电子为什么不能逐渐地从光波中积累能量，攒够了就跑呢？

1905 年是“爱因斯坦奇迹年”，这一年爱因斯坦发表了六篇论文，其中一篇叫《关于光的产生和转变的一个启发性观点》，说的就是光电效应。爱因斯坦说，电子之所以非得遇到高频率的光才能跑，是因为光是一份一份的。普朗克不是说了吗？光的一份能量 $E=hf$，频率越高能量越大，所以高频率的光的一份能量才足够大，才能打动电子。

请注意，相对于普朗克的假设来说，爱因斯坦提出了一个思维概念上的跃迁。普朗克说的一份一份是黑体中电子受热振动的能量，而爱因斯坦说这跟光是不是从黑体中来的没关系——只要是光，能量就是一份一份的。

爱因斯坦提出了“光量子”（简称光子）的概念。

他说光不是连续的一片波，而是由一个一个的光子组成的，每个光子的能量就是它的频率乘以普朗克常数，即 $E=hf$。

爱因斯坦用这一个公式解释了光电效应，计算结果与实验非常吻合。这篇论文给爱因斯坦带来了诺贝尔物理学奖，这也是他一生之中得到的唯一一个诺贝尔奖。

普朗克和爱因斯坦的解题思路，叫作“量子化”，量子从此就成了现代物理学的一大主题。物理学家们把什么东西都想给量子化，有人认为连引力，甚至连空间都是量子的。

什么是“量子”呢？比如你家有个 4K 高清电

视，离远了看，你觉得电视画面非常“顺滑”。但是离近了看，你会发现屏幕上其实都是一个一个的光点，画面并不是连续的。量子，就是分辨率是有限的，是不连续的，是一个一个的，是像整数一样可数的。这个世界有可能完全是量子的。

我们平时为什么感觉不到世界是量子的呢？因为普朗克常数 $h$ 是一个非常非常小的数字，等于说分辨率太高了。

***

黑体辐射和光电效应都是经典物理学解释不了的现象，普朗克先用凑数的方法给了个数学模型，爱因斯坦赋予了这个模型物理上的意义，物理学家就算正式发现了光子。

今天听起来这一过程挺自然，好像物理学家们是在亲切友好的气氛下达成的共识，但当时的情况并非如此。

爱因斯坦关于光电效应的想法是受到了普朗克的启发，那篇论文的编辑和审稿人又恰好都是普朗克，而且普朗克也让论文发表了，那你说普朗克是不是应该非常赞赏爱因斯坦的说法呢？

并没有。普朗克本人在此后很多年里，都无法接受光子这个概念。光子不符合经典物理学，麦克斯韦方程解不出一份一份的能量。普朗克在很多年里都在寻找用经典物理学解释电子振动的方法，但最终，他还是失败了。

普朗克有一句名言："新科学事实之所以胜出，并不是因为反对者都被说服了，而是因为反对者最终都死了……然后熟悉这个事实的新一代人长大了。"[4]

可能你以前就听到过这句话，以为普朗克是那个传播新思想的人——其实他不是。

那么爱因斯坦提出了光子的概念，他肯定是新思想的拥护者吧？其实也不是。爱因斯坦终其一生，都反对量子力学。

什么是革命呢？得是这个思想是如此之离经叛道，以至于连革命者本人都反对它，那才是真革命啊。

## 问答

**夏巍：**

为什么高能量频率的光子出现的概率就比较低？和热力学定理有什么联系？能稍微展开说下吗？

**万维钢：**

这是一个统计现象，我们用气体比较容易说明白。我们平常说的“温度”，在物理学上，其实是气体分子平均动能的代表，温度越高，代表气体分子的运动速度越快。温度高的时候我们感到比较热，是快速运动的气体分子打在身上带来的一种感受。

但温度代表的是平均的动能。一堆气体分子之中，总有些分子的速度更快一些，有些更慢一些。那这个快慢是从哪儿来的呢？是碰撞出来的。比如一个分子的速度已经很快了，另一个大分子或者几个分子再撞它一下，它就可能会变得更快。我们可以想象，那些最快的分子，必然是经过多次加速碰撞出来的。

而这样的分子必然是非常幸运的分子。能被多次加速，是个小概率事件。这就好比说社会上赚钱特别多的人，也一定是非常幸运的人。他们往往经历过不是一次，而是好几次助推；他们必须连续做对很多事情才行。而这样连续的幸运也是小概率事件。

这就是为什么能量特别高的振动和特别富有的人都比较少。对应到量子力学，有些辐射发光是来自电子的碰撞和振动，有些是来自电子从原子的高能级向低能级跃迁——后者也是小概率事件，因为能级越高，出现的概率越低。

**蓝冰：**

光电效应中，光子那么小电子那么小，是真正的撞击还是引力拉扯？

**万维钢：**

可以说是真正的撞击。光子到底是如何打

到电子上，还把电子给打飞了，这个具体的过程，爱因斯坦那篇论文也没说清楚。不过后来人们在实验中找到了最直接的证据，这个现象叫作“康普顿散射（Compton scattering）”。

美国物理学家康普顿最早发现，用 X 射线——注意这是一种光——照射碳原子之后，光的频率可能会发生改变。这个现象无论如何都不能用经典电动力学解释，因为麦克斯韦的理论只会让电子跟着电磁波一起振动，而不会改变外来的电磁波的频率。

而用光子解释就很容易了（图 6）。

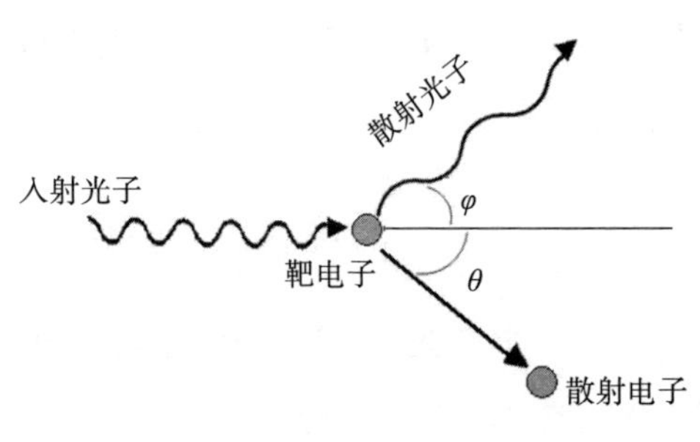


图 6　康普顿散射

光子和电子就好像两个台球一样发生弹性碰撞，光子被电子弹开，形成散射，各自的动能在碰撞之后自然会发生改变。康普顿算一算光子入射的角度和散射出来之后的角度，再算算光子频率的变化，正好符合弹性碰撞。

那你可能说，光子和电子都这么小，怎么那么巧就能撞到一起呢？答案是实验中有很多很多的光子和电子……总有撞上的时候。

# 3. 原子中的幽灵

先来思考这样一个问题：物质是不是无限可分的？

从数学直觉上来讲，物质应该是无限可分的。既然一个大东西能被分割成小东西，那小东西肯定也能被分割成更小的东西。《庄子》不是有一句话吗？“一尺之棰，日取其半，万世不竭。”你想必也听说过，物质是由分子组成的，分子是由原子组成的，原子是由质子、中子和电子组成的，质子和中子又是由夸克组成的。那么接下来连小学生都会问的问题就是，夸克和电子，又是由什么东西组成的呢？

答案是，它们不是由别的东西组成的。现代物理学的标准模型认为夸克和电子是“基本粒子”，它们不可再分。我可以非常负责任地告诉你，物质并不是无限可分的。

物理学认为电子和夸克都是一些“数学结构”，不可再分，也不必再分。这个思想其实也容易理解，我给你打个比方。比如一本书，你可以把它分成章节；章节可以分成句子；句子可以分成英文单词或汉语词语；英文单词可以分成字母，汉语词语可以分成汉字——那请问，像 a、b、c 这样的字母，像“你、我、他”这样的汉字，还可以再分吗？答案是不能了，因为再分就没有意义了。字母和单个汉字已经是最底层的符号单位，它们代表的是抽象的概念，无须再分[1]。

一直到 20 世纪都还有一些哲学家——我就不说是谁了——认为物质是无限可分的。他们想错了。

所以哲学家是靠不住的，真实世界比庄子的直觉更有意思！而物理学家的见识可不是拍脑袋想出来的，他们的探索步步惊心。物质该怎么分，正是量子力学的开端。

***

19 世纪末的科学家已经明确知道物质是由原子组成的了，而且还把原子给分了类。门捷列夫弄好了元素周期表，知道每种原子的化学性质。经典物理学很美好，人们并不急于知道原子还能不能继续往下分。

这时候，大自然主动给了物理学家两个提示。

第一个提示是，1896 年前后，居里夫人等人发现铀原子能自发地往外发射某种射线。居里夫人把这个现象命名为“放射性”，并且正确地推测出，放射性不是因为原子和原子之间的化学反应，而是因为原子自身的某种活动而形成的。科学家据此怀疑，原子内部应该还有结构。

第二个提示是，1897 年，约瑟夫·约翰·汤姆孙爵士（Sir Joseph John Thomson）发现阴极射线中有一种“微粒”，在外加的电磁场中会发生偏转。汤姆孙意识到这种微粒带负电，并且把它命名为“电子”。这是人们第一次明确知道原子之中还有别的东西，汤姆孙因此获得了 1906 年的诺贝尔物理学奖。

原子是电中性的。那既然电子带负电，原子中必定还有带正电的物质。汤姆孙设想了一个模型，现在称之为“梅子布丁模型”，也可以叫“葡萄干布丁模型”（图 7）。想象有一个松软的、球状的大蛋糕，其中点缀着一些葡萄干——那些葡萄干就是带负电的电子，而蛋糕本身带正电，和葡萄干达成平衡。原子一受热，电子们就会在蛋糕上震动起来，形成电磁波，这也就是辐射发光。

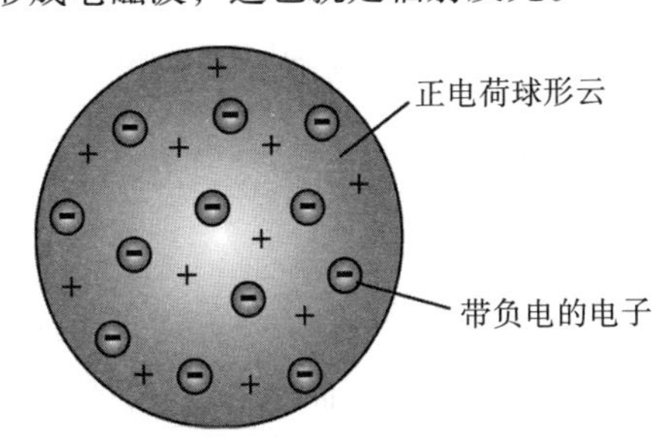


图 7　汤姆孙的葡萄干布丁原子模型 [2]

这个模型听起来挺合理，但它是错的。

给汤姆孙模型致命一击的，是他的学生欧内斯特·卢瑟福（Ernest Rutherford）。卢瑟福最早也是研究放射性的，而且比居里夫人更有洞见。

卢瑟福合理推断出，所谓放射性衰变，其实就是一种原子从自己的内部分裂，变成了另外一种原子。有的人不接受这个理论，说原子怎么还能变呢？你这不等于是炼金术吗？其实这个指责也没什么，我们知道化学这个学科，最早就是起源于炼金术。结果卢瑟福因此获得了 1908 年的诺贝尔……化学奖。

卢瑟福对此是不以为荣，反以为耻。他有一句名言，“所有的科学可以分为两类，一类是物理学，剩下的都是收集邮票”[3]。

在我看来，他的意思是物理学研究的是世界最本原的规律，需要灵感、洞见和创造性的理论；对比之下，其他学科都只不过是老老实实地记录观测结果而已——我是光荣的物理学家，而你们给我个化学奖？

不过卢瑟福在放射性方面的研究给他提供了一件神兵利器：某些放射性物质衰变时会发射一种高能量的射线，卢瑟福称之为“α 粒子”，并且他正确地推测出 α 粒子其实就是把氦原子拿掉两个电子后剩下的离子。卢瑟福可以大量制造 α 粒子，他能把 α 粒子当子弹用。

物理学家要想探测某个东西的内部结构，标准的打法是对它进行轰击。现在动不动就耗资数百亿美元的、据说能代表一个国家的综合国力的加速器和对撞机，都是干这种事儿的。

卢瑟福在 1911 年做这个实验时，只花了英国皇家科学院 70 英镑[4]。他的做法是让两个学生拿 α 粒子轰击金箔。金箔是薄薄的一层金纸，α 粒子是高能量的子弹，你说子弹打在纸上会有什么样的效果？卢瑟福在实验室周围放了一圈检测屏幕，记录子弹的散射情况（图 8）。

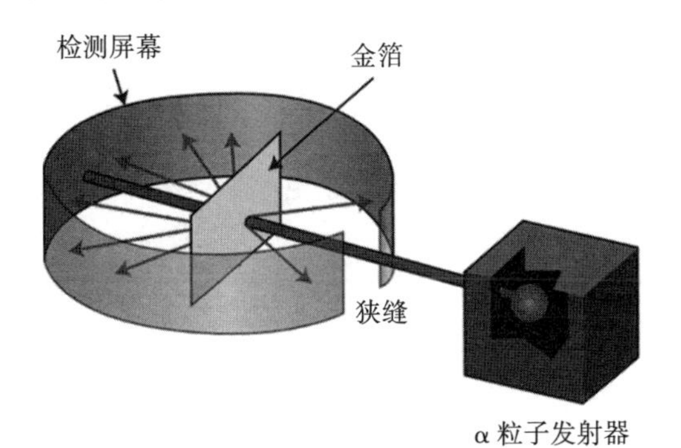


图 8　金箔实验[5]

这两个学生中有一个叫盖格，后来因为发明了著名的“盖格计数器”而成了物理学史上的名人。盖格有个长处，他能在黑暗中待上几个小时，一心一意做记录。

实验发现，绝大多数 α 粒子直接就从金箔中穿过去了；有少量 α 粒子发生了偏转；还有极少量的 α 粒子，居然被金箔给反弹回来了。卢瑟福感到很震惊，纸怎么能把子弹反弹回来呢？唯一的可能性，就是这张纸中散布着一些非常硬的东西。

卢瑟福断定那个硬东西是原子核。大部分子弹会笔直地穿过，少量发生偏转，极少量会被反弹回来，这说明原子内部根本不是什么葡萄干布丁结构，而是一个极其空旷的空间。这个空间的大小是由外层的电子决定的，而原子几乎全部的重量，都集中在中间很小的那个带正电的原子核上（图 9）。只有在靠近原子核飞过的时候，同样带正电的 α 粒子才能被偏转，因为正电和正电互相排斥；只有正好撞向原子核，α 粒子才会被反弹回来。

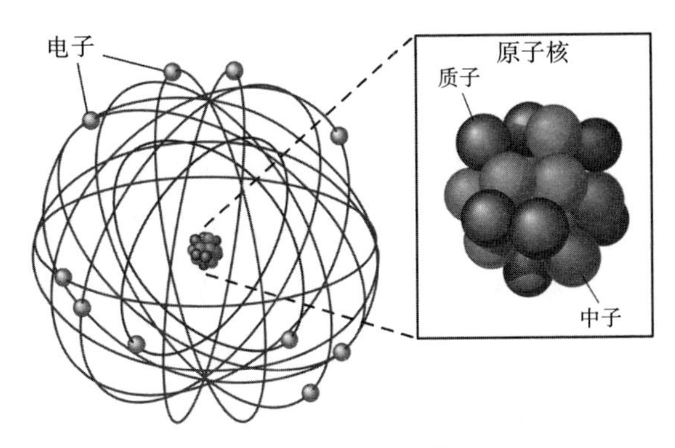


图 9　卢瑟福原子模型

卢瑟福做了一番计算，认为原子核的尺度大约在 $10^{-14}$ 米，只占到整个原子万分之一的大小，这些数据在今天看来也算准确。卢瑟福轰击了很多种物质，发现不同原子原子核的电荷数和重量都不一样，并且据此发现了质子和中子的存在。

卢瑟福这个原子模型比汤姆孙那个葡萄干布丁模型精确多了，但是它依然有两个问题没有解决。

第一个问题是，电子带负电，原子核带正电，而正负电相互吸引，那为什么电子不会掉到原子核中去呢？

卢瑟福说这是因为电子在绕着原子核做圆周运

动，就好像行星绕着太阳转一样，离心力平衡了吸引力。

但这个解释是错的。电子做圆周运动，等于是不断地改变速度的方向，而麦克斯韦电动力学告诉我们，带电物体的变速运动一定会产生辐射，从而损失能量。计算表明，电子应该一边转圈，一边辐射，一边掉落，在 $10^{-12}$ 秒之内就会掉入原子核中（图 10）。

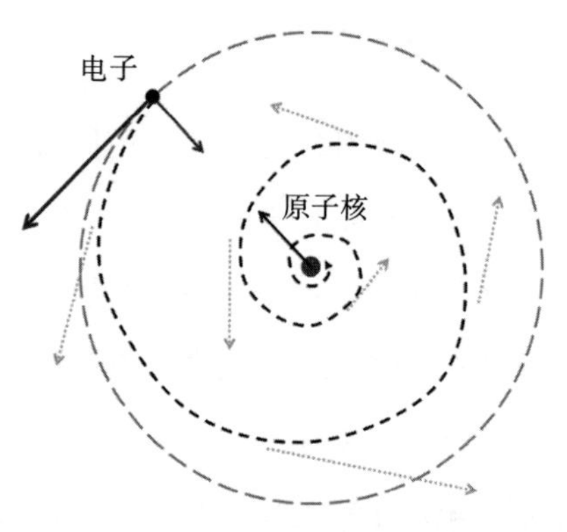


图 10　电子掉入原子核示意图 [6]

可真实的原子为什么是稳定的呢？

第二个问题是，原子的确会对外辐射，而且在不受外界干扰时也能辐射——但是原子辐射的光谱很独特，它不是连续的。

比如图 11 是氢原子的辐射光谱，它由一些好像有规律、又好像没规律的线组成。

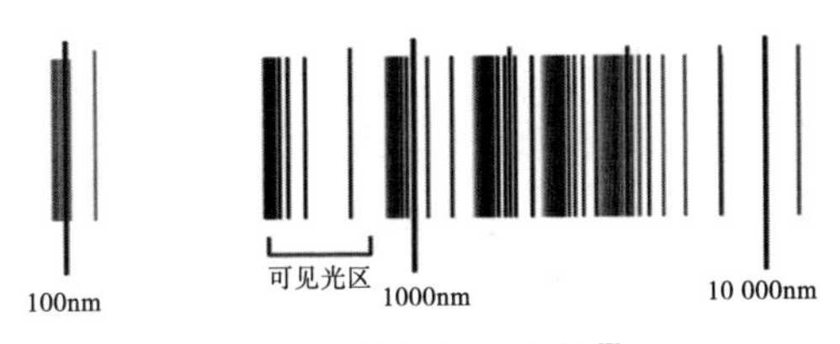


图 11　氢原子辐射光谱[7]

当时有个中学老师叫巴尔默，还真找到了氢原子辐射光谱的一个规律。他发现其中一些辐射光的波长 $\lambda$ 的倒数，正好正比于 $(\frac{1}{4}-\frac{1}{n^2})$，其中 $n$=3，4，5，…，也就是：

$$\frac{1}{\lambda}=R\left(\frac{1}{2^2}-\frac{1}{n^2}\right)$$

但这个公式纯粹是凑数凑出来的，没人知道这意味着什么。我们需要一位物理学家来赋予它意义。

***

1912 年，量子力学未来的掌门人，尼尔斯·亨利克·戴维·玻尔（Niels Henrik David Bohr）博士毕业了。他先加入了汤姆孙的研究组，但是因为批评汤姆孙的模型而受到打压，又转投了卢瑟福。在卢瑟福的实验室里，玻尔意识到以自己的动手能力，做实验是真不行，但是做理论可以。

玻尔看着巴尔默凑出来的公式，想起普朗克和爱因斯坦“量子化”这个动作，决定把原子中电子的轨道量子化。玻尔提出四个假设（图 12）——

第一，电子平时按照特定的轨道运动，每个轨道有自己的能级，能级和“轨道量子数”$n$ 的平方成反比，即：

$$E_n=-R_H\cdot\frac{1}{n^2}$$

第二，电子在同一个轨道中运动的时候，并不向外辐射能量，原因我们暂时不知道。

第三，只有当电子在两个不同能级之间跃迁的时候，它才会辐射能量。辐射的能量正好是两个能级的能量差，同时又等于普朗克常数乘以光的频率，即：

$$\Delta E=E_f-E_i=hf$$

第四，电子轨道有个角动量，角动量也要量子化。

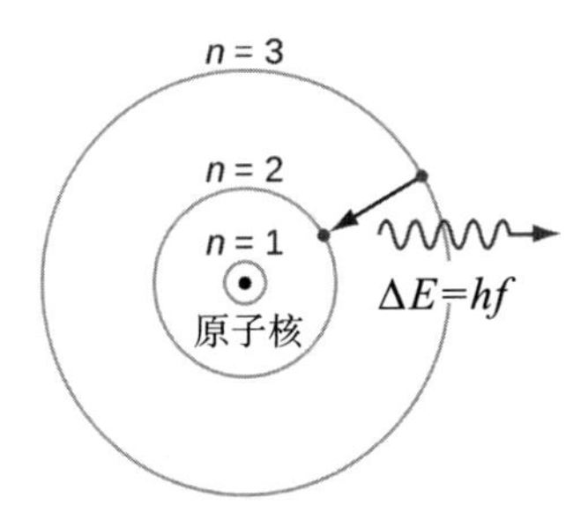


图 12 玻尔原子模型的示意图 [8]

考虑到 $\lambda f=c$，玻尔这个模型完全解释了巴尔末的谱线公式，而且还能计算所有的谱线，如图 13 所示。

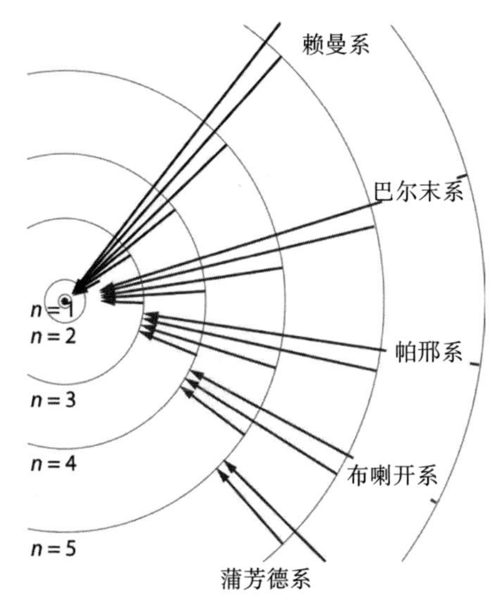


图 13 氢原子辐射光谱谱系 [9]

这是一个无比成功的模型。光电效应不是说外来一个高能量的光子能把电子打飞吗？这个光子的能量需要多大呢？正好是那个电子所在能级的能量。

玻尔模型还能明明白白地告诉我们，原子中如果有多个电子，它们应该怎么排列，这等于是解释了整个化学！玻尔凭借这个模型获得了 1922 年诺贝尔物理学奖。

咱们再类比一下，玻尔的解题思路和普朗克、爱因斯坦非常相似，都是先有实验结果，再凑数，再来个量子化。那你说爱因斯坦是不是应该非常喜欢玻尔这个理论呢？并不是。

玻尔的论文是 1913 年发表的，爱因斯坦的评价是，你这个思路我真想过，但是我真没敢发表，因为这太怪异了。

为什么轨道只有固定的那么几条？为什么电子在轨道中就不会辐射能量了？玻尔无法回答。还有，跃迁到底是怎么回事？一个高能级的电子，为什么会自动地、突然地跃迁到低能级去？它受到什么刺激了吗？它有自由意志吗？它跃迁的路线又是怎么走的呢？这一切都非常诡异。

物理学家有一种强烈的感觉：量子世界必定有一套自己独特的规则，是经典物理学所不包括的。

到目前为止，量子力学取得的进展都是实验结果“倒逼”物理学改革而来。物理学家都是不得不接受一个个事实，然后手忙脚乱地对付出来一个个模型，一直很被动。

这个局面不会持续太久，理论物理学家马上就要主动出击了。

顺便说一句，卢瑟福总共培养了包括玻尔在内的十一个诺贝尔奖得主，其中八个是物理学奖，三个是化学奖，可谓空前绝后的一代宗师……但遗憾的是，他始终只有一个化学奖。

## 问答

**遗失的美好：**

物理学与化学是不是本来就是一家，而到

了后来出于某种原因分成了两个学科？因为这两个学科有很多相似的地方，就像您讲到的卢瑟福研究出了一个物理成果而获得了诺贝尔化学奖，感觉有点不可思议。我想问，是先有化学还是先有物理的呢？

**万维钢：**

准确的说法是物理和化学原本是两家，现在可以说是一家。历史上物理学研究物体的运动，化学研究物体的改变——但是现在我们都知道了，所谓改变也不过就是原子分子们的运动，所以化学应该算是物理学的一部分。

现在一般约定，化学研究分子尺度的事情。比分子尺度更大和更小的事情，都归物理学。

**晓东：**

原子核直径的大小和普朗克常数是实验中测量出来的，还是数学公式推导出来的？

**万维钢：**

普朗克常数是普朗克在对黑体辐射公式凑数的时候凑出来的，可以说它代表了微观世界在宏观现象中表现出来的特征。量子力学正式建立起来之后，因为普朗克常数直接出现在薛定谔方程里，它简直无处不在，所以可以用各种方法测量验证。

原子核直径的大小，可以说是卢瑟福通过实验测量出来的，当然不是直接测量。卢瑟福可以看一看有多大比例的 α 粒子被反弹回来，有多大比例的 α 粒子以什么样的角度被散射出去。考虑到原子核所带的正电荷就能计算原子核的电场，再根据金原子的重量和金箔的尺度估计两个原子核之间的距离，就可以计算原子核的直径。

# 4. 德布罗意的明悟

物理学是最革命的科学。别的学科一般都是渐进式的进步，偶尔有出乎意料的思想突破，也都比较温和。而在量子力学的发展史中，我们看到的却是一些不可思议的，甚至是颠倒乾坤的新思想，让人从感情上都无法接受。有些最厉害的物理学家一生都不接受量子力学，但他们反对的只是观点和思想，而从来不是事实和逻辑。物理学从来都不会因为个人感情接受不了而停止前进。

由此说来，物理学家虽然也是人，但都是最没有成见的人。现在很多人爱说什么“创新思维”“think out of the box（破除成见）”“拥抱不确定性”，什么“认知升级”，听起来都是空洞的口号——把你的大脑用量子力学淬炼一遍，切身感受到新思想带来的纠结和不安，你的认知才能升级。

以前邓小平谈中国改革，有一句话是这样说的：“计划经济不等于社会主义，资本主义也有计划，市场经济不等于资本主义，社会主义也有市场。[1]”这就是破除成见。他的头脑中同时存在两种相反的想法却具备正常行事的能力，所以用美国作家弗朗西斯·菲茨杰拉德（Francis Fitzgerald）的标准来看，邓小平有一流的智力。

我们这一节的主题恰恰也是这个意思。如果光可以是粒子，那电子为什么不能是波呢？静止质量为 0 的东西也有粒子的一面，静止质量不为 0 的东西也有波的一面。

为什么都想要一流的智力呢？因为更自由。

***

咱们先来看看为什么物理学家如此相信光是一种波。理论上的原因固然是麦克斯韦方程解出来了电磁波，然后你一看电磁波的速度正好是光速，所以你合理猜测光就是电磁波。但光有这个理论不行，你还需要更直接的证据。而最直接的证据，其实早就有了。

早在 1803 年，有个叫托马斯・杨（Thomas Young）的英国医生做了一个非常著名的实验，叫“杨氏双缝实验”。

杨那时候没有激光，得用蜡烛作为光源。他弄了一块遮挡板，在遮挡板的中间开了两条缝隙，烛光透过两条缝隙之后，打在后面的屏幕上，会形成一片非常漂亮的条纹：明暗相间，循环很多次，非常有规则（图 14、图 15）。

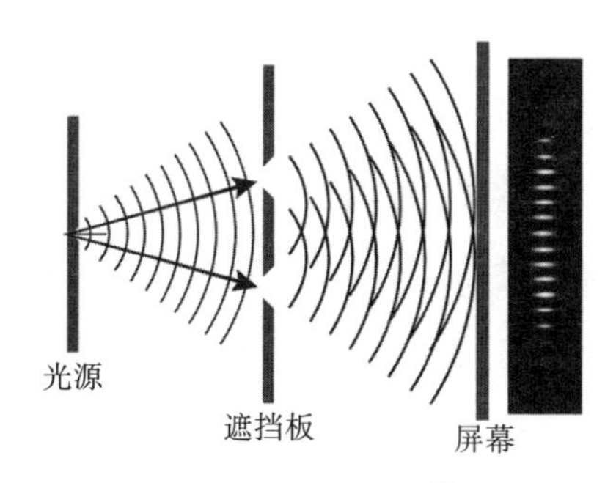


图 14　杨氏双缝实验[2]

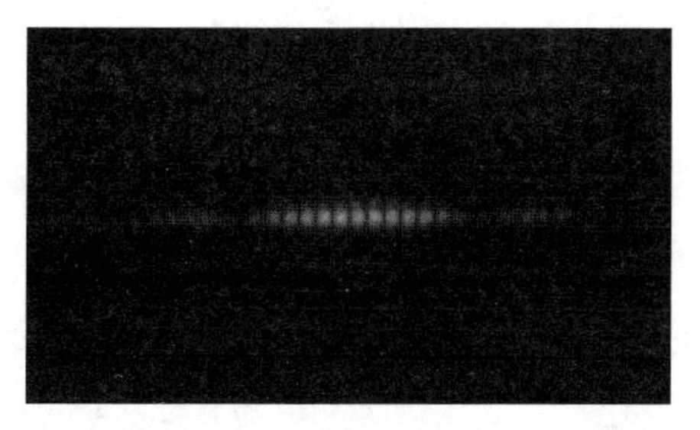

图 15　杨氏双缝实验形成的条纹光斑[3]

你想在家里重复这个实验可不容易，因为两条缝隙的间隔尺寸必须非常小，小到能跟可见光的波长相比较才行——最多可以是几个波长，但不能有几十个波长那么宽——否则不会有条纹。

如果光是像牛顿当年想的那样，只是走直线的粒子，就如同连续发射的子弹，那你无论如何也得不到这种条纹，子弹只会集中打在缝隙的正前方。

但是如果你把光想象成某种“波动”，这个实验结果就很容易理解了。咱们用水波来打个比方，一个水波通过两个孔出来，就在水面上形成了两个水波。水波有波峰和波谷，两个波的波峰或者波谷正好叠加在一起就会加强，波峰和波谷相遇就正好互相抵消（图 16）。光波也是这样，图 15 屏幕上的条纹，亮的地方是两个波加强了，暗的地方是两个波抵消了—— 这叫两个波的“干涉”。

图 16　两个水波相遇的情形 [4]

任何一种波，都可以有干涉。波峰们在空间中出现的相对位置叫作“相位”。图 17 中这两个波的形状是完全一样的，如果你把它们的波峰和波谷对整齐了——也就是相位一致——它们叠加起来就是一个加强到双倍的波，这叫作“相长干涉”。如果两个波的相位正好错开半个波长，它们就会互相抵消，形成“相消干涉”，波可以完全消失！

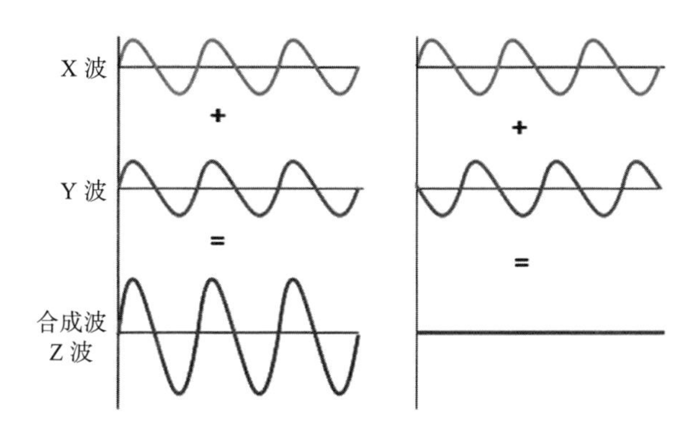


图 17　相长干涉（左）和相消干涉（右）[5]

你用的降噪耳机，其实就是通过声波的相消干涉来达到降噪效果的。怎样让一个声音消失？答案不是屏蔽它，而是制造对立的声音去跟它相互抵消。

这一切都很完美。根据光的波长和屏幕到双缝的距离，干涉条纹哪里明、哪里暗都可以精确地计算出来，理论和实验完全吻合。所以光怎么可能不是波呢？可是黑体辐射和光电效应实验明明又说光是粒子。粒子怎么干涉呢？一个事物怎么能既是波又是粒子呢？

物理学家们还在纠结这个问题的时候，一个年轻人，有了一个大胆的想法。

***

路易·维克多·德布罗意（Louis Victor de Broglie）是个法国贵族，大学学的是历史，作为通信兵参加了第一次世界大战，回来之后打算拿一个理论物理的博士学位。

今天的物理系博士生很难了解物理学所有的前沿理论，因为有太多东西要学了。德布罗意赶上了年轻人建功立业的好时候，在读博士期间就学习了相对论，了解了光量子学说，参与了光电效应实验，还知道玻尔原子模型里的电子行为很怪异。

德布罗意的明悟是，电子行为这么怪异，也许是因为电子也有波的一面。

1924 年，德布罗意写好了自己的博士学位论文。这篇论文只有 16 页，其中只说了一个思想：

所有物质都有波动性。德布罗意提出了一个猜想的公式，说电子也好，质子中子也好，不论是什么物质，都满足波长 = 普朗克常数 / 动量。其中动量 = 质量 × 速度。即：

$$\lambda=\frac{h}{p}=\frac{h}{mv}$$

注意这个公式自动包括了光子。根据狭义相对论，$E=mc^2$，光子有个等效质量 $m$，那么 $p=E/c$；再考虑到 (波长 $\lambda$) ×(频率 $f$) = (光速 $c$)，代入德布罗意的公式正好是 $E=hf$，跟普朗克和爱因斯坦的公式一样。

所以德布罗意等于是提出了一个统一的物质“波”理论！

但问题是你这只是一个猜想啊，博士论文评审委员会的老师们感觉这好像不太靠谱，但又不敢轻易否定，就想找个明白人问问。他们把德布罗意的论文寄给了爱因斯坦。

这个观念突破连爱因斯坦都没想到，但是爱因斯坦没有排斥它。爱因斯坦回信说，德布罗意“可能揭开了大幕的一角”。评审委员会通过了德布罗意的论文，但是在论文答辩过程中，他们问德布罗意：你能不能设想一个实验来验证这个公式呢？

你很难拿电子或者质子、中子做杨氏双缝实验，因为实验要求缝的尺寸必须和波长相当，而一个粒子只要有质量，它的动量就比光子大得多，那么波长就要比光子短得多，当时的实验技术条件根本做不到如此精细的双缝。但是德布罗意想到了一个方法——晶体散射。

当时已经有人做实验发现，把X射线——一种波长非常短的光波——照射到晶体上，也会产生干涉花纹（图18）。晶体的原子排列得非常整齐，等于是形成了一个周期性的、有很多条缝的网格，X光经过这个网格，就会发生干涉。

图18　X射线的晶体干涉图像[6]

德布罗意说，也许有些晶体的结构尺度非常小，能跟电子的波长类比。结果 1927 年就有人把实验做成了。图 19 就是电子打在硅晶体上的干涉图像。

图 19　电子通过硅晶体形成的干涉图像[7]

算一算硅原子之间的距离，算一算电子的波长，丝毫不差。德布罗意用他的博士学位论文拿到了 1929 年的诺贝尔物理学奖，青史留名。

值得一提的是，证明电子波动性的几位实验物理学家获得了 1937 年的诺贝尔物理学奖。其中一个获奖者叫乔治·汤姆孙（Sir George Paget Thomson）——当然他用的不是晶体散射，而是另一个方法——他是谁呢？就是我们上一节说的那个发现电子的约瑟夫·汤姆孙的儿子。这父子俩一个因为证明电子是粒子拿了诺贝尔奖，一个因为证明电子是波拿了诺贝尔奖。

所以电子真的是波。物理学家最爱干的事儿就是“看破红尘”：搞个统一理论，说明看似完全不同的两个事情其实是一回事。德布罗意做到了这一点，他说电子和光子其实是一回事。

其实我们跟电子和光子也是一回事。任何物质都有波的一面。那为什么我们在日常生活中感受不到波动性呢？因为普朗克常数是个非常小的数字，与它相比，我们的质量太大了。比如有个质量为 3 千克的保龄球，以每秒 10 米的速度运动，根据德布罗意的公式，它的波长是 $10^{-35}$ 米，你完全探测不到这样的波动。

那你说我的体重虽然大，我的速度小一点行不行？比如我一动不动，我的速度是 0，我的波长不就变大了吗？我的回答是那是不可能的，量子力学不允许任何东西的速度是 0。

任何物质都既是波又是粒子，这就叫“波粒二象性”。这个词说着容易，但是我们仔细想想，“既是波又是粒子”，这是什么样的行为呢？

如果电子就是一个点，它怎么个“波动”法呢？难道说它是沿着“之”字形路线，扭来扭去地像波一样前进吗？那是不可能的。那样的波动会有很多急转弯，每一次转弯都是加速运动，都会辐射能量，电子受不了。更何况那种波动的运动速度会超过光速，违反相对论。

那如果电子根本就不是一个点，而是一片“波动的云”，为什么我们每次都刚好捕捉到一个点呢？从云到点，这个瞬间的变化是如何发生的呢？

更不可思议的还在后面。

1961 年，物理学家终于用电子做成了杨氏双缝实验（图 20）。

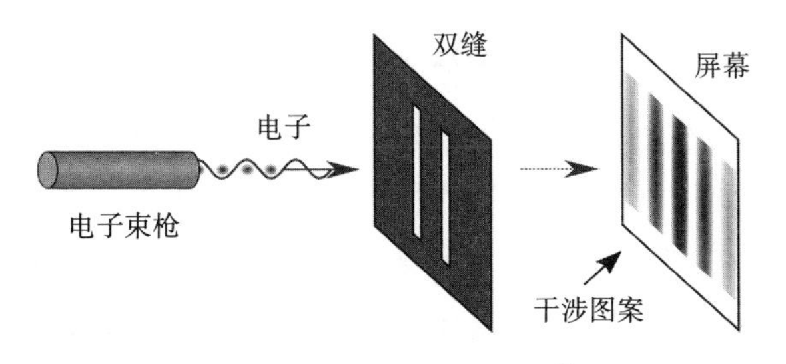


图 20　电子杨氏双缝实验[8]

物理学家甚至做到了每次只发射一个电子。结果积累的电子多了以后，屏幕上也显示出了干涉条纹（图 21）。

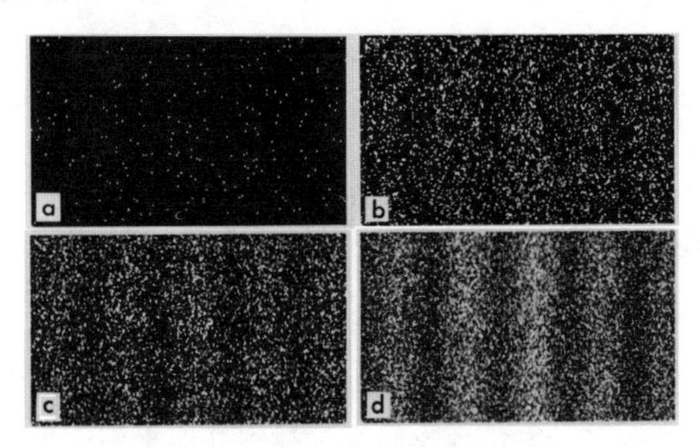


图 21　电子积累显示出干涉条纹[9]

我们前面说了，所谓波的干涉，是从两条缝中出来的两个波互相叠加的结果。那一个电子怎么干涉呢？

唯一的可能，是这个电子同时通过了两条缝，自己和自己发生了干涉。至于说一个电子如何能同时通过两条缝，你怎么想都不对。咱们后面还要继续探索这个波到底是什么波，你会发现，“波”这个概念并不能概括量子力学的本质——哪怕没有空间意义上的波动，也可以有干涉。

“波粒二象性”其实是个临时性的词。不过我们还是先专注于空间上的波动性。

德布罗意有公爵的爵位，家里本来有钱有势，但他一生钻研学问，未曾结婚，只有两名忠心耿耿的随从，深居简出，不置资产，只爱工作。德布罗意不但很早就成名，而且一直活到了95岁。他和爱因斯坦一样，至死拒绝接受量子力学的主流解释。

## 问答

**大明府：**

如果说一切波都是粒子，那就等于说波是一种物质，既然是物质就是有形的实体……如果声波是粒子的话，那它就应该在从声源发出后直接跑进人的耳朵，但粒子是如何同时跑进无数人的耳朵的呢？

**万维钢：**

请注意，我们可没说“一切波都是粒子”！声波和水波都不是粒子，而是一种运动模式。水波是水的震动，声波是空气的震动，水和空气是它们的介质。声音带动了人耳朵内的空气震动，而不是声波粒子跑进了人的耳朵。

但量子力学里的“波”，并不是任何介质的运动。我们后面会讲到，它是“概率波”。光波的本质也是量子波动，没有介质，不是声波、水波那种。

**Origin：**

一个电子一个电子地发射，积累多了也会产生干涉条纹。这个电子打在屏幕上会残留吗？是不是有的电子走了左边有的走了右边，叠加之后出现的干涉呢？

**万维钢：**

干涉条纹正是电子打在屏幕上的痕迹所形成的。干涉现象本身跟电子多少没关系，只是你肯定需要很多很多电子，屏幕上才能出现宏观的图案，才能看出来有干涉条纹。

那为什么不是有的电子走左边、有的电子走右边形成的图案呢？因为那样的话不会形成干涉！别忘了干涉是左右两边的波叠加的结果。

条纹中暗的地方，是两边的波因为波峰和波谷相遇，正好互相抵消形成的——不是相加，是抵消。如果一个电子已经打在屏幕上变成了屏幕上的一个点了，另一个电子再打过来，怎么也无法跟它抵消。只有波和波能抵消。

这种走左边或者走右边的情况，就如同用机关枪扫射两个大门，你只会在门后的墙上看到两大堆弹痕，而不会看到干涉条纹。

要想形成干涉条纹，必须是左右两个缝同时出来一个波才行，而这就意味着电子必须同时通过这两个缝。哪怕你每次只发射一个电子，也必须是同时通过。

# 5. 海森堡论不确定性

21 世纪的物理学家要想做出诺贝尔奖级别的工作是非常困难的，可能要到四十岁以后才有机会。你得钻研现成的理论和高深的数学技巧很多年，才能摸到一点门道；要想达到游刃有余的水平，乃至找到别人没想到的重大突破点，不知又要摸索多少年。

而量子力学，却是年轻人的科学。

用现在时髦的话来说，维尔纳·海森堡（Werner Heisenberg）可谓量子时代的原住民。他出生于 1901 年，那时候普朗克已经把黑体辐射量子化了。海森堡二十岁刚出头就跟随玻尔研究最新的量子理论，他发明了矩阵力学来描写量子过程，不但拿到了 1932 年的诺贝尔物理学奖，而且是量子力学主流解释的主要人物。

年轻气盛的海森堡，为物理学的研究方法提出了一个指引。

海森堡说，电子有时候表现得像是粒子，有时候表现得像是波，它到底是什么，我们无法想象，也没必要想象。你应该关心的是可测量的东西。至于电子的“轨道”到底是什么样的，它是如何从这里“走到”那里的，其实都是不可测量的。

想要画出电子的路线图，你必须在每一个时刻都同时知道电子的位置和速度（也就是知道动量，$p=mv$）——而海森堡说，这是不可能的！你不可能同时精确地知道一个电子的位置和动量。

海森堡是这么论证的：要想知道一个电子在哪里，你就得用光去照一照它。光的分辨率取决于其波长，波长越短，分辨率就越高，探测就越精确。所以想要精确地测量一个电子的位置，你就得用波长非常短的光。而根据光量子理论，波长越短频率就越高，频率越高光子的能量就越高。你的测量就实际上是用高能量的光子去打这个电子，你会把电子给打飞。也就是说这个高能光子带来的冲击，就会掩盖电子原来的动量。

反过来说，如果想要精确测量电子的动量，你就得用能量比较低的光子去撞击它，而这就意味着那个光子的波长比较长，你就不能准确判断电子的位置。

总而言之，位置的测量误差和动量的测量误差有一个取舍关系，它们不可能都很小。

海森堡的这一番解释当然有道理。今天你仍然会看到有些量子力学教科书，有些大学老师，用这番解释说明量子力学的不确定性——但是我可以负责任地告诉你，这个解释还不够彻底，还不够革命。

光子频率这个解释是说你“测不准”——因为你要想测量一个东西就不得不干扰这个东西，是测量手段本身的悖论。那你可能会问，如果我是全知全能的上帝，如果我能在不干扰电子的情况下感知到电子，我就应该可以测准，对吧？

不对。包括海森堡本人后来也承认，量子力学的真正观点不是“测不准”，而是“不确定”。

不是你的能力问题，是电子的本性问题。

电子根本就不能同时拥有确定的位置和动量。不论是什么东西，电子也好，光子也好，宏观物体也好，它的位置不确定性（$\Delta x$）和动量不确定性（$\Delta p$）都满足下面这个关系[1]：

$$\Delta x \cdot \Delta p \geqslant \frac{h}{4\pi}$$

也就是说，位置和动量永远都有一个最小的、受到普朗克常数限制的不确定性。不是你测不准，不是你看不见，而是电子根本就没有确定的位置和动量，电子的行为有一种内在的不确定，它永远都是模糊的。

这个原理叫作“海森堡不确定性原理”。

***

比如我们上一节说的那个电子双缝实验中，电子最终打在屏幕上的位置很有规律，会形成有暗有亮的条纹。那请问，你能精确地预测一个电子会打到屏幕的哪个位置吗？

在经典物理学中，我们把电子想象成一个小球，只要知道小球通过双缝这一时刻的位置以及横向和纵向的速度，你就能精确计算它在屏幕上的落点。但是在量子力学中，因为不确定性原理，电子根本就没有精确的位置和速度，这样的预测是不可能的。

事实上，哪怕你无比小心地操作实验，确保对这一个电子和对上一个电子的发射动作完全一样，它们两个的落点也会不一样。电子就好像有自己的个性一样，不接受你的精确控制。

不确定性原理不仅仅是一个统计规律，而是一个关于量子世界的本质的论断。我们甚至可以说它的优先级高于量子力学的其他所有定律。你可以用不确定性原理解释一些很怪异的现象。

比如说，咱们看一个单缝实验。

在遮挡板上钻一个很小的小孔，然后让一束光穿过小孔，照射在遮挡板后的屏幕上，你猜会出现什么情况？

这可能会让你想起中学学过的“小孔成像”。你预计屏幕上会出现遮挡板另一侧的图像，说明光走直线，但是小孔成像中的那个小孔其实开得很大。如果小孔的直径减小到只有光的几个波长，你会看到屏幕上出现非常漂亮的环状条纹。中间是个最亮的光盘，周围是一圈暗纹，然后再是一圈亮纹、一圈暗纹，一环套一环，逐渐变淡（图 22）。

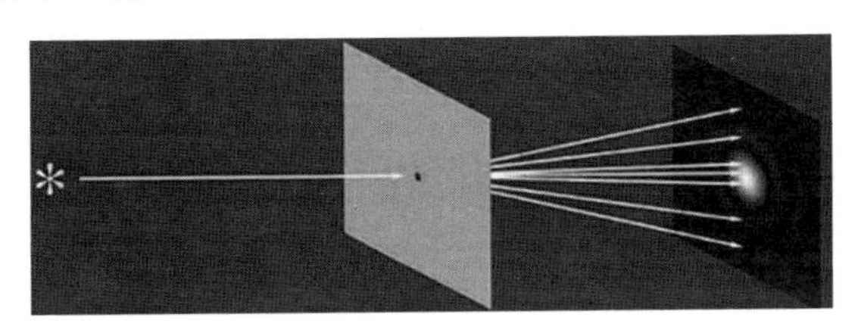

图 22　光的衍射图像[2]

这个现象叫作光的衍射。那个条纹是光波从小孔中间的不同位置出发，到达屏幕时互相干涉的结果。

这个实验的有意思之处是小孔的直径和屏幕上衍射条纹的关系。

如果小孔的直径很大，比如说相当于 20 个波长，那么你拿一束激光照过去，屏幕上基本就是一个光点，没有什么衍射条纹（图 23）。这时光老老实实地走直线，简单明了。

小孔的直径越小，衍射条纹就越明显，而且越宽广。比如小孔直径是 2 个波长，你就会看到非常大的衍射条纹，光不再走直线了！

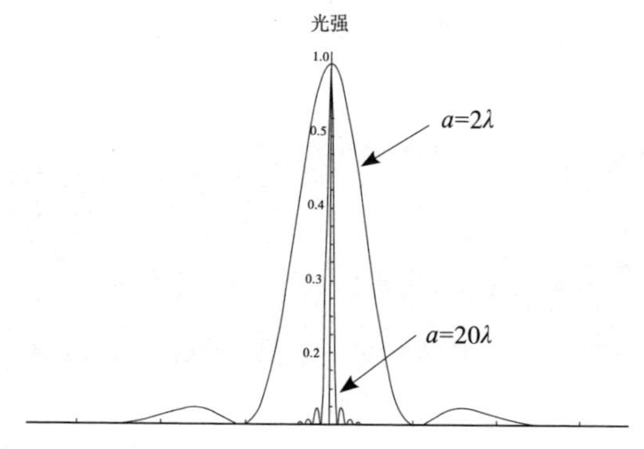


图 23　小孔直径（$a$）相当于 2 个和 20 个光波波长（$\lambda$）时，屏幕上的衍射条纹分布情况 [3]

站在光子的视角来看，这个现象很不寻常。孔越大，对光的约束就越小，光子非常自由，反而老老实实走直线；孔越小，对光的约束越大，光却要往四周扩散。怎么会这样呢？

你的直觉可能会认为是小孔的边缘对光子产生

了干扰。也许当光子路过小孔的时候，被边缘给撞了一下，发生了散射。但这个解释是不对的。如果是因为光子被撞飞了而产生散射，光子在屏幕上的落点应该是完全混乱的！你不会看到那一环一环的漂亮的衍射条纹。再者，不仅光子存在衍射现象，电子、质子都会发生衍射，而光子、电子、质子跟遮挡板材料发生电磁相互作用的机制是完全不同的。

单孔衍射实验真正揭示的，是海森堡不确定性原理。

如图 24 所示，我们把垂直于光前进的方向设为 $y$ 方向。小孔比较小的话，光在通过小孔的时候，在 $y$ 方向上的不确定性 $\Delta y$ 就小；孔比较大的话，$\Delta y$ 就大。

而根据不确定性原理，位置不确定性小的时候，动量不确定性就大。在 $y$ 方向上有一个比较大的 $\Delta p$，就意味着光子多了一个垂直方向的速度，也就是它会一边往前飞一边往边上飞，所以它才有可能飞到屏幕中心以外的地方去，为那里的衍射条纹作出贡献。而如果小孔大，就等于说光子的位置不确定性大、动量不确定性小，它就没有那个垂直方向的速度，就会老老实实地往前飞，那么屏幕上也就没有衍射光环了，只在中心处有个光斑。

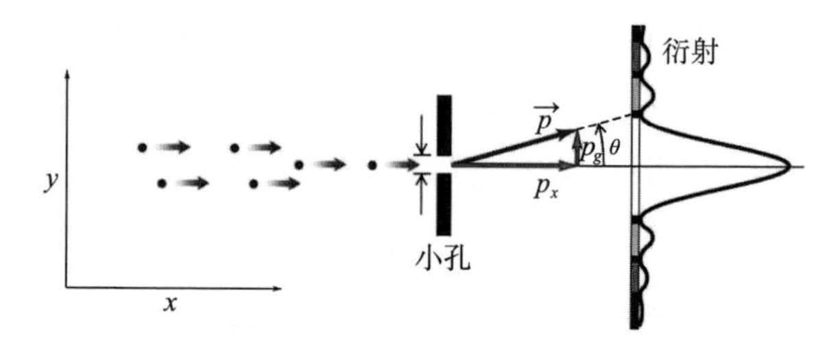


图 24　单孔衍射实验的原理 [4]

换句话说，根据不确定性原理，你甚至可以通过控制某一方面的不确定性，去改变另一方面的不确定性。

比如说，根据不确定性原理，世界上没有绝对静止不动的东西。这是因为如果一个粒子的速度是绝对的 0，那它就没有动量的不确定性，那么它的位置不确定性就必须是无穷大，它就必须同时出现在宇宙中所有的地方。事实上，哪怕是在温度是绝对零度的条件下，粒子也会有一些微小的震动。

不确定性原理说明，所谓“电子轨道”，根本就没有意义。大家心目中的原子常常是图 25 所示这个样子——中间有个原子核，外面有几个电子沿着固定的轨道旋转，就好像行星绕着太阳转一样。这也是卢瑟福想象的原子，而这个图像是错误的。真实的原子，差不多是图 26 这个样子——电子没有确定的位置，它同时出现在原子核之外的各个地方，呈现出来的状态是一片“云”。其实连中间那个原子核也是云。

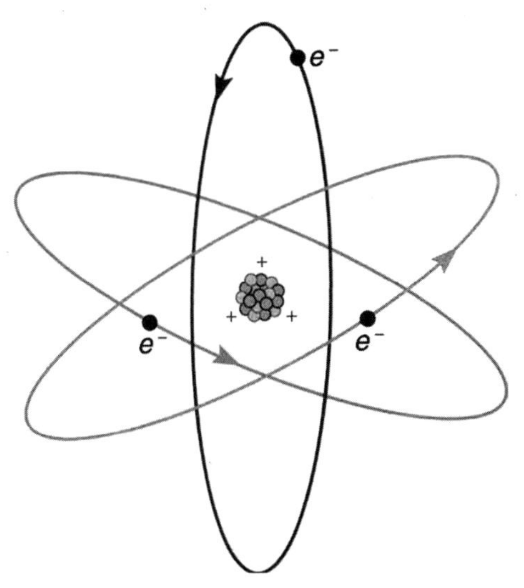


图 25　想象中的原子结构 [5]

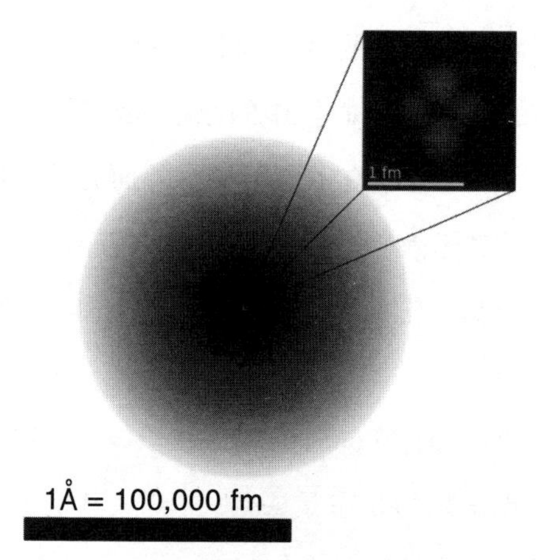


图 26　真实的氢原子结构 [6]

那为什么在日常生活中，我们可以精确地知道一个东西的位置和速度呢？那当然是因为普朗克常数是一个很小的数字，和宏观世界的尺度相比，那一点不确定性微不足道。

量子力学中，除了位置和动量这一对儿，还有能量和时间这一对儿，也满足同样的不确定性关系。

$$\Delta E \cdot \Delta t \geqslant \frac{h}{4\pi}$$

比如你看氢原子的光谱（图 27），仔细看的话，会发现那些谱线并不是很精确的细线，而是有一定的粗度，有一定的模糊性，这是为什么呢？根本原因就是电子在不同能级之间的跃迁并不是真正瞬时的，有一个时间的不确定性，而这就对应着辐射光子能量的不确定性，也就意味着波长的模糊性。

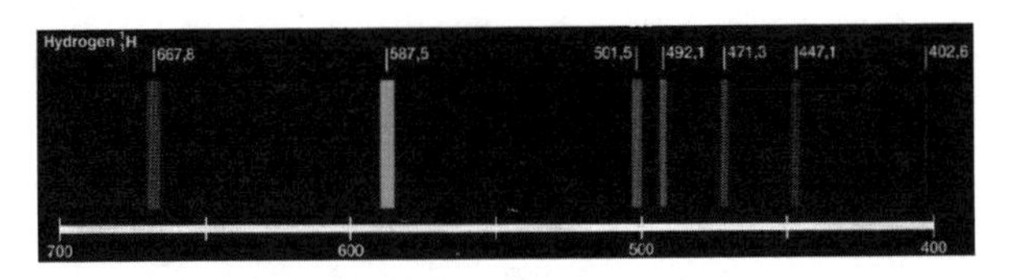


图 27　氢原子光谱中的谱线

再比如说，根据相对论，质量和能量是等价的，所以能量的不确定性就意味着质量的不确定性。现代物理学告诉我们，很多粒子的寿命都是有限的，可能存在很短的时间就会衰变成别的粒子——而这种粒子的存在时间的不确定性，决定了它们的质量也有不确定性，你不可能绝对精确地测定它们的质量。

那为什么我们精确地知道质子和电子的质量呢？因为它们很可能根本就不会衰变！它们的时间

不确定性是无穷大。

所以“不确定”是量子世界的本质。海森堡要求我们专注于那些能测量的东西，坦然接受测量结果的不确定性。

但你可能还是忍不住想问，在我们没有测量的那段时间，电子到底经历了什么呢？就好像有一位美丽的女同事，你每次见到她都是在上班的时候。你觉得那不是真正的她，你忍不住猜测她不上班的时候是什么样子，你觉得你还可以进一步了解她。

而我不得不告诉你，这个问题你怎么想都不会想明白——如果真的存在一个关于电子的“客观现实”，那个现实很可能是在我们人类的理解能力之外。事实上，我们一直到今天也只是知道电子的一些性质而已，我们并不知道电子到底是个什么东西。

海森堡的理论规定，我们跟电子只有工作关系。

## 问答

**三平方：**

回旋加速器能够将电子加速到很大的速度，电子从低速到高速的加速过程，直到被射出回旋加速器，也就是动量越来越大的过程中，科学家都可以很好地控制其位置，并且还可以把电子当子弹射向其他待研究的粒子。回旋加速器加速的过程中，电子这颗“子弹”的位置似乎是可以精确地知道的，要不然速度大了，动量大了，位置不确定了，就没法用它做研究了啊。这是怎么回事？

**小鱼儿：**

如果电子和原子核都是“云”，怎么解释金箔撞击实验呢？

**余人：**

电子和原子核都是不确定的，但是它们组

成的原子是确定的吗？

**万维钢：**

这些问题说的其实是同一件事：不确定性的“度”在哪里。不确定性原理是个量化的原理，我们再看一眼它的公式：

$$\Delta x \cdot \Delta p \geqslant \frac{h}{4\pi}$$

它并没有说电子的动量或者位置具有无限大的不确定性，它说的是动量不确定性乘以位置不确定性，这个乘积，不能比普朗克常数除以 4π 更小。而普朗克常数是一个非常非常微小的数字。

在回旋加速器和用 α 粒子轰击金箔的实验中，粒子的动量都已经很大了，一点点的误差都会造成很大的动量不确定性，那么对应之下，粒子位置的不确定性就可以是非常非常小的。高速的粒子就好像是宏观的粒子一样。

同样道理，原子的位置不确定性也很小。这是因为原子中有若干个质子和中子，而质子、中子的质量是电子的 1837 倍——这就意味着在同样的速度上，质子、中子的位置不确定性是电子的 1/1837。跟电子相比，原子更像是宏观的粒子；正如跟光子相比，电子更像是宏观的粒子。

而即便对于电子，我们说它的不确定性也是在极其微观的量子尺度上说的。我们在宏观上完全可以说电子“精确地”出现在哪里：我手上的一个皮肤细胞中的水分子上有个电子。这个电子在哪里？它就精确地在我手上的一个皮肤细胞中的水分子上。

**蕾：**

像《蚁人》这类电影里变成了蚂蚁大小的主角，是否可以观察到原子呢？他可以观察量子力学的世界吗？

**万维钢：**

我们粗略地说，原子的势力范围直径大约在 $10^{-10}$ 米，人的直径大约是 1 米。漫威设定蚁人的身高是 1 厘米，我们姑且就当他的直径是 1 毫米吧—— 也就是 $10^{-3}$ 米。显然蚁人离我们更近，离量子力学很远。

蚁人感受到的物理效应会跟我们很不一样。比如他从高处掉下来不会摔伤，他很容易就能爬上墙，他会被风轻易吹飞……我在得到App的“精英日课”专栏以前讲过杰弗里·韦斯特（Geoffrey West）的《规模》（*Scale*）一书，不同尺度的生物生活方式很不一样。但是，蚁人跟量子力学没什么关系。

如果你想创作一部涉及量子力学现象的漫画电影，可以考虑写“病毒人”。病毒的直径是 $10^{-8}$ 到 $10^{-7}$ 米，它能被分子尺度的热运动推着到处走，它能非常实在地感受到光子打在身上带来的疼痛，它眼中的原子很大……但是，严格来说它没有眼睛，因为它身上总共只有那么多原子，根本不足以形成特别复杂的结构。

**虎头宝：**

光子单缝实验中，光子虽然会发散开来，

但为什么还会有深浅不一的条纹呢？单缝没有波的干涉啊？

**万维钢：**

单缝和双缝没有本质区别，也会形成干涉。单缝的干涉来自从缝的不同位置出发的光波之间的干涉。图 28 表现得非常明白。

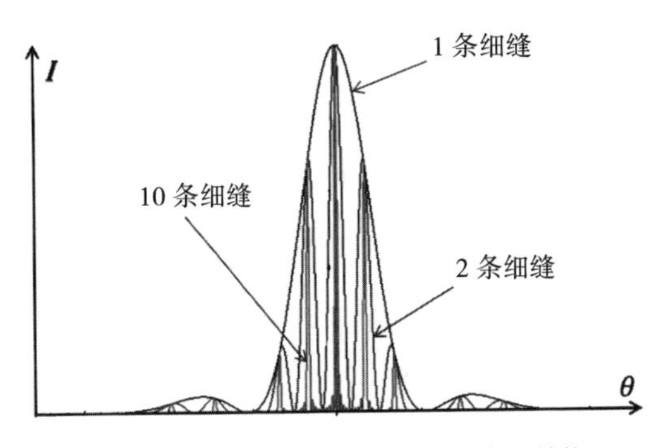


图 28　不同条数的细缝形成的干涉条纹结构

2 条缝或者 10 条缝的干涉条纹，都是单缝干涉条纹的“子集”。缝数增加，能获得更多的精细条纹结构，这是因为缝数多，光波的出发位置受到的限制就多，而干涉被别的位置掩盖得就少。

# 6. 薛定谔解出危险思想

埃尔温·薛定谔（Erwin Schrödinger）称得上是个多才多艺的人。他聪明过人，通晓多门语言，阅读广泛，精通文学和哲学，最喜欢的哲学家是叔本华。我们前面说了玻尔动手能力差做不了实验只好做纯理论，薛定谔可不是这样，他做过实验物理研究，而且还精通数学。薛定谔参加了第一次世界大战，回来后认为理论物理最有意思，很顺利地就当上了理论物理教授。

薛定谔后来甚至写过一本《生命是什么》

（*What is Life?*）。他把这本书设定为可以给外行看的通俗作品，但是他在书中提出了关于基因遗传机制的大胆猜想，等于是为生物学指引了方向。不过那都是后话。

按当时物理学家的标准来说，薛定谔直到中年都还没有做出什么一流的工作。他身体不太好，患有肺结核，动不动就得疗养。而且薛定谔还绯闻缠身，大家都知道他有婚外情。

1925 年，薛定谔三十七岁这一年，他出场的时机终于来了。当时薛定谔在瑞士苏黎世大学工作。他有个同事叫彼得·德拜（Peter Debye），也是一位名字进了教科书的物理学家。传说有一天，德拜对薛定谔说，我看你最近也没什么大事儿，听说德布罗意有篇论文很有意思，连爱因斯坦都惊动了，你能不能去研读一下，下次给我们做个报告。这其实是物理学家的一个好传统，到今天也是这样。所有人去读所有论文读不过来，常常是指定一个人去读懂一篇论文，然后讲给本单位所有人听。

薛定谔读的正是德布罗意提出“物质波”的那

篇论文。薛定谔做了报告，德拜当场发表了一个评论。德拜说，德布罗意这玩意儿纯属儿戏。

德拜说，什么叫物理学，你得有方程才行。德布罗意凭空就说电子是个波，那这个波满足什么方程呢？它的行为由什么决定呢？没有方程，就不是正经的物理学。其他人都没当回事儿，薛定谔却心中一动，心想我可以去弄个方程。

薛定谔利用圣诞节假期搞出了第一版方程，紧接着在 1926 年发表了四篇论文，最终提出了量子力学的波动方程。其中最关键的发现是在他疗养期间作出来的，据说当时他的情人就陪伴在他身边，所以薛定谔这个大发现被某些人称为“迟来的情欲大爆发”。

咱们来看一眼薛定谔方程，这可是人类科学史上最重要的几个方程之一：

$$-\frac{h^2}{8\pi^2 m}\frac{\partial^2\Psi(x,t)}{\partial x^2}+V(x)\Psi(x,t)=\frac{\mathrm{i}h}{2\pi}\frac{\partial\Psi(x,t)}{\partial t}$$

普朗克常数 $h$ 不出意外地出现在方程之中，$m$ 是粒子的质量，$V$ 是势能。这个方程描写了“波函数” $\Psi(x,t)$ 在不同位置和时间的变化。

这个方程是怎么来的呢？当然不是从天上掉下来的！薛定谔的思路其实非常自然，任何一个动力学过程都得满足能量守恒，这个方程说的其实就是动能 + 势能 = 总能量。

真正的硬功夫在于如何验证你的猜想。薛定谔把氢原子的电势能代入到方程之中求解……然后奇迹发生了。

我们前面说了，玻尔的原子模型是非常不完善的，有一种山寨感和拼凑感。玻尔无法解释为什么原子的能级必须是一个一个的。而现在薛定谔用这么一个简单的方程解出来，说为什么原子只有那几个能级呢？为什么电子轨道只有那么几个呢？因为这个二阶偏微分方程正好就有那几个本征值和本征函数。你可以忽略这句话里的数学，简单来说，就是能级和轨道精确地包含在这个方程之中。

到这一步，薛定谔方程肯定是对的了。不过中间还有一些波折。海森堡和玻尔当时已经搞了一个“矩阵力学”，一上来就是全量子化的，他们不相信波函数能连续变化。玻尔把薛定谔请到哥本哈根演讲，海森堡几乎当场翻脸。玻尔不停地劝说薛定谔，说你这个波肯定不对，“薛定谔你必须理解……”一连说了好几天，把薛定谔都给说住院了。玻尔让自己的妻子去给薛定谔送饭，妻子到医院，发现玻尔正在病床前说，“薛定谔你必须理解……”

薛定谔得到了 1933 年的诺贝尔物理学奖，跟他一起得奖的是后面即将出场的另一位大牛，保罗·狄拉克（Paul Dirac）。后来正是狄拉克最终证明了薛定谔的波动方程和海森堡、玻尔的矩阵力学是相容的。

***

有了薛定谔方程，我们就可以精确地知道波函数在任何时间任何位置的数值。

双缝干涉也好，单缝衍射也好，原子的能级也好，都可以用波函数计算出来。德拜说得对，有方程跟没有方程是真不一样啊！现在我们对量子世界真是有了一种掌控感。

但是直到这时候，薛定谔仍然不知道波函数到底是什么东西。

这个感觉简直就是量子力学给物理学家的诅咒。你会算，你会用，但是你不知道它是什么。其实咱们前面说的普朗克和玻尔他们做的事也是这样，先有了数学，然后再去寻找物理意义。

波函数到底是什么呢？薛定谔方程中有个虚数i，解出来的波函数不是实数，而是一个复数。而复数是无法测量的。我们生活的世界是一个实数的世界。说“这里的波函数的数值是 1+2i”，这算什么意思呢？

后来还是德国物理学家马克斯·玻恩（Max Born）提出了一个解释——波函数绝对值的平方，等于粒子出现在那个时间和那个地点的概率。

没有被观测到的粒子就好像是一片云，它可以既在这里又在那里，但是它在各个位置被发现的概率并不是一样的。现在有了波函数，我们可以说，波函数在一个地方的绝对值越高，粒子在那里被发现的可能性就越大。如果波函数在这里是 0，粒子就绝对不会在这里出现。

这个解释叫作玻恩解释，它与实验结果完美符合。很多人相信，波函数，包含了一个量子系统所有的物理信息。

但是这里面有两个大问题。

第一个大问题是，玻恩解释等于宣布了，量子力学只是关于概率的科学。

薛定谔方程只能告诉你波函数，而波函数只能告诉你概率。你可以用薛定谔方程计算一个电子出现在屏幕上任何一个小区域内的概率是多少。如果你的计算结果说电子出现在这里的概率是0.1%，而你在实验中用了100万个电子去轰击，那么就会有大约1000个电子落在这里——这个概率是绝对精确的。

但是，你能知道的，也只有概率。那你说，我现在只发射一个电子，我想预测这个电子会落在哪里，这行不行呢？不行。量子力学只会算概率。而且根据海森堡不确定性原理，对单个电子来说，根本就没有什么“哪里”这种说法。波动方程自动兼容不确定性原理。

对很多物理学家来说，只能算概率可太难受了。物理学原本是一个确定性的科学。你给我个台球，只要我精确地知道这个台球此时此刻的速度和位置，精确地知道它的周围环境，我就可以精确地计算它在未来每时每刻的速度和位置。当然绝对的精确是做不到的——但那只是技术问题——经典物理学在原则上，没有任何不确定性。

可是现在量子力学等于说不确定性是个内在的性质。为什么这个电子在这次实验中打到了屏幕的这个位置，而不是那个位置？是被风吹了一下吗？是什么神秘的“天地气机[1]”影响的吗？反正这总要有个理由吧？电子不可能有自由意志吧？它不能无缘无故地做出这样的选择吧？

用爱因斯坦的话说，就是“上帝不会掷骰子”吧？

经典世界里任何事情的发生总有前因后果——但是在量子世界里，电子的具体落点这件事，没有任何理由。概率的大小有理由，概率是否落实，没理由。

也许上帝就只会设定概率。玻尔说：“爱因斯坦你不要告诉上帝该怎么做。”

第二个大问题是，波函数是一个十分怪异的

存在。

是，波函数可以让你精确计算干涉和衍射之类的现象，你觉得波函数必定是一个真实的东西。但是咱们想想这样一个过程——一个在空中“飞行”的电子，当它还没有打在屏幕上的时候，你知道它在附近是无处不在的，它的波函数在附近各个地点都有一定的取值，波函数很实在。

可是一旦当电子打在屏幕上，它的位置就固定了，而在周围其他位置，波函数瞬间就都变成了0。这叫作“波函数的坍缩”。电子从一个“波”，坍缩成了一个粒子。

那好，请问，在这个坍缩的过程中，波函数发生了什么呢？

本来是全局的，现在突然变成了一个点。这个过程是非定域性的，是突然发生的，是不可逆的，是不连续的。你不觉得这太突兀了吗？世界上有什么东西，会突然间在各个地方消失？一个真实的物理存在怎么能产生这样的行为呢？

物理学家总是认为什么事情都应该是逐渐地、连续地变化的，这种突变太怪了。薛定谔就非常不喜欢像氢原子的电子能级跃迁那样的突然变化。他有一次跟海森堡和玻尔争论的时候说："如果量子跃迁这种东西继续存在，我就很后悔自己参与了量子力学！"

***

回顾这段历史，我们看到玻尔、海森堡和玻恩这些人很容易就接受了量子力学，他们代表"主流"。因为这一派人物都团结在丹麦哥本哈根大学玻尔的麾下，量子力学的这个主流解释也被称为"哥本哈根解释"。

而普朗克、爱因斯坦、德布罗意和薛定谔，虽然对量子力学作出了决定性的贡献，但是并不愿意接受"主流解释"。这是为什么呢？

这可能跟思想保守有关系，但是以我之见，这里面还有一个讲不讲哲学的问题。

如果你是工程师思维，做事只看结果，那么量子力学已经能给你提供足够好的结果了。没有谁需要精确地预测单个电子的位置。做实验都是用一大堆粒子，量子力学描写粒子集体行为非常精确。物理学家有句话叫“Shut up and calculate”，意思就是别想那些没用的，算就完事了。

但是有的人自带一点哲学家思维，他们非得想一想。这一细想，那个本质的不确定性和突然间的波函数坍缩，就太难让人接受了。所以说哲学有时候也真是害人，思考带给你的并不总是快乐，还可能有无尽的痛苦。

不管怎么说，薛定谔方程完全打开了量子力学的大门。物理学家们走进大门，立即发现了各种各样神奇的事情。

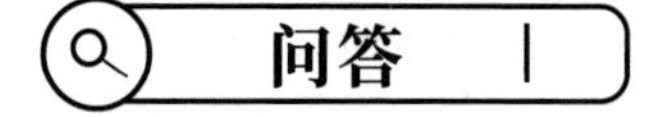


**盒装团：**

像薛定谔方程的解 1+2i，它的绝对值平方如何表示概率呢？感觉这个数算出来就大于 1 了啊。

**万维钢：**

真实计算的时候，解完方程还要来个“归一化”的处理，确保各地概率加起来的和等于1。薛定谔方程本身并不在乎波函数的绝对值是大是小，把波函数扩大或者缩小多少倍，它还是方程的解。方程只在乎各个地区的波函数的相对大小关系。

而且因为波函数是个连续的函数，我们真实计算概率的时候不能说“电子出现在 $x=1$ 这个点的概率”，我们只能说，“电子出现在 $x=0.999$ 到 $x=1.001$ 这一小段空间的概率”，而后者需要对波函数的绝对值的平方求积分。当我们谈论“位置”的时候，我们实际上谈论的是一段区间，而不是一个抽象的点。

**鼠儿果：**

双缝实验里打在屏幕上的电子可以认为是电子的波函数坍缩后得到确定的“位置”，电子是被屏幕吸收了吗？如果有可能再捕捉到这个电子，它的不确定性还在吗？简单问就是…

一个任意量子波函数坍缩后还有可能回到原来的概率叠加态吗？

**万维钢：**

是的，电子跟屏幕上的感光物质发生了反应，形成了一个光斑，等于是被屏幕吸收了。从微观角度看来，电子接触到屏幕那一刻，它就等于是进入了下一个物理过程，前面那个自由飞行的过程就结束了，所以波函数必须发生改变。

我们如果把屏幕当作宏观的物体，就可以说电子原来的波函数已经坍缩了，或者说已经死了，不确定性消失了。它无法再回到原来的叠加态了。

而如果你不这么看，如果你把屏幕也当作一个量子力学尺度上的设备，感光过程也是量子过程，那就什么都是可逆的，波函数只是要改写而已，不确定性只是更新，而不是消失。

但光斑的出现是一个非常宏观的事件——以至于都能让肉眼看到——说明有大量的微观

粒子参与了这个过程。那么这就是一个热力学事件，微观可逆，可是宏观上逆转的可能性非常非常小。就如同玻璃杯摔在地上会碎，但是碎玻璃不太容易自发聚集起来变成一个完好的杯子。

# 7. 概率把不可能变成可能

有人说数学是物理学家的工具，是描写大自然的语言，我觉得这么说还不足以体现数学的厉害。你越了解物理，就越觉得数学不仅仅是大自然的语言，而且是大自然的法则。

如果数学禁止一件事发生，这件事就绝对不会发生。那如果数学允许一件事发生，这件事会发生吗？从逻辑上来说它应该可能发生也可能不发生。但是如果你相信一种更强硬的哲学，你也许可以说，只要数学允许一件事发生，这件事就一定会发生。

这一节我们来见识一下数学的威力。薛定谔方程可以完美地解释氢原子的能级，但是好的理论必须不但能解释一些已知的现象，还要能预言未知的现象。最厉害的物理理论甚至会预言一些你绝对想不到的东西。你觉得那有点太离奇了，你不敢相信，但是你一去验证，就会发现居然是真的。

我们要做一件所有严肃学习量子力学的人，在学了薛定谔方程之后，都必须做的事情。那就是用这个方程来求几个简单的解。我会忽略所有数学细节[1]，你只要安心体会微观世界的妙处就行。

我们把问题简化，假设空间是一维的，只有 $x$ 这一个方向。

我们首先考虑一种最简单的情况，自由粒子。没有任何东西会影响这个粒子，所以薛定谔方程中的势能 $V=0$。这个方程的解可以拥有任何能量。给定一个能量，波函数的形状是一个所谓“平面波”。图 29 中表现了波函数 $\Psi$ 的实部、虚部和绝对值的平方。

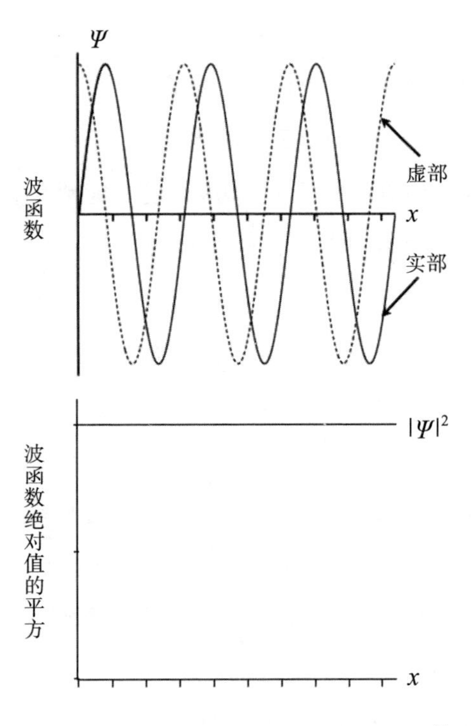


图 29　波函数实部、虚部及绝对值的平方 [2]

波函数本身是一个标准的波动，它的波长由粒子的能量决定，再考虑到能量跟动量的关系，这个波正好满足德布罗意那个“物质波”公式。自由的粒子，是一个自由的波。

波函数本身是个波动，可是波函数绝对值的平方，却是一个常数。它在 $x$ 空间中的每一点都是一样的。上一节我们讲了，波函数绝对值的平方代表粒子在这个区域被发现的概率。

所以这就意味着，这个自由粒子，出现在空间中各个位置的可能性都是一样大的。

这也符合海森堡不确定性原理，因为给定了能量就给定了动量，而既然动量没有不确定性，位置的不确定性就必须是无穷大。这也就是说，在量子世界里，绝对自由的粒子，会同时身处世界所有地方。它是一片无处不在的云，你在哪里都有可能遇到它。

你体会一下这个意境，什么叫自由。

当然绝对的自由是没有的，人生充满限制。我们再考虑一个绝对限制的情况。在一个区域内部，势能 $V$ 仍然是零，但是在区域外部，势能 $V$ 是无穷大，就好像用一个盒子把粒子给装起来了。像图30所示这样。

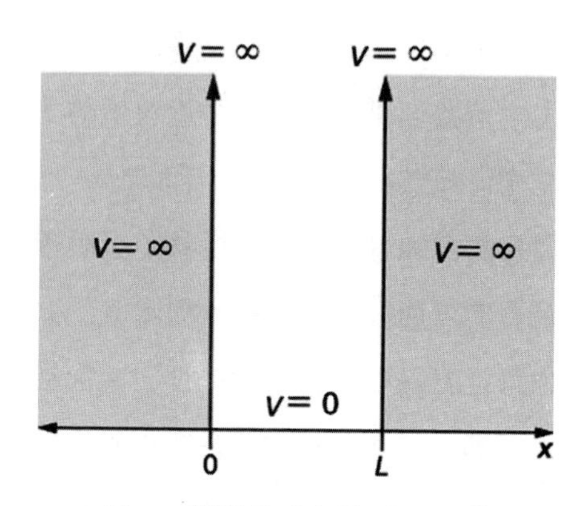


图 30 不同势能形成的限制区域 [3]

这时候在区域内，方程的解仍然是平面波，在区域外无解，波函数在边界上的取值必须是 0。有意思的是，能级出现了。

数学上要求，虽然只有这么简单的限制，这个粒子的能量就不能是任意的。它只能从一些固定的能级中选取，$E_1$, $E_2$, $E_3$……这样从小到大排列。这就是为什么氢原子是有能级的。特别是，其中最小的能级 $E_1 \neq 0$。为什么呢？因为不确定性原理。现在粒子位置的不确定性变成有限大了，那么它就必然有一个动量的不确定性——它就不能一动不动。

量子力学不允许受限制的东西一动不动。这就是为什么哪怕是在无比接近绝对零度的情况下，粒子们也会动一动。

现在考虑一种最实际的情况。假设一个原本自由的粒子，被右边的一面墙给挡住了。墙的势能 $V$ 比粒子的能量 $E$ 高，所以墙对粒子形成了限制。

在经典力学的世界中，粒子永远都不可能穿越这面墙。否则穿墙的时候粒子的动能 $=E-V<0$，这算怎么回事儿呢？

但是在量子世界中，薛定谔方程的解却是图 31 这个样子的：波函数在墙的左边是个正常的平面波，在经过墙的时候是一个快速衰减的波——但是它没有衰减到 0。在墙的右边，它仍然是一个绝对值变小了很多的平面波。粒子可以穿墙。

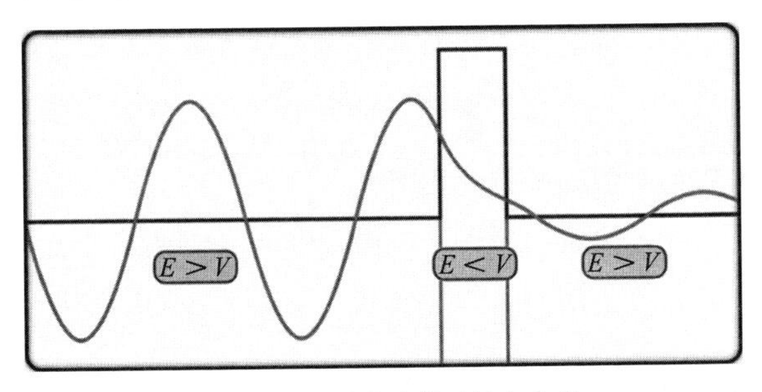


图 31　平面波穿墙前后的变化 [4]

当然，因为右边波的绝对值平方会比左边小很多，你在右边发现粒子的概率肯定比在左边小很多——也就是说穿墙的概率并不是很大。但是！穿墙是可能的。

量子力学允许粒子穿过势能比它自身能量大的墙。这就相当于说，一个东西可以突破比它自己的能力大的限制。

这怎么可以呢？

***

咱们把以往的经过再捋一遍。薛定谔方程只是薛定谔在“情欲大爆发”期间灵感来了，写下的波函数方程。薛定谔运气好，这个方程恰好能解出氢原子的能级。但是当时连薛定谔本人都不知道波函数是什么东西，后来还是玻恩提出一个猜测，说波函数绝对值的平方代表概率。

这么看的话，数学只是物理学家用的一个工具，甚至可以说是一个玩具。真实世界没有任何理由必须听从这个方程，对吧？

那么现在这个方程得出了一个违背常识的解，应该怎么办呢？中学老师一定会告诉你舍掉那个解。

1927 年，也就是薛定谔的论文刚刚发表不到一年，就有好几个物理学家解薛定谔方程得到了这个能够穿墙的解。我们可以称之为“量子隧道效应（Quantum tunnelling）”，也叫“量子隧穿”。当时人们并不知道这有什么意义。1928 年，24 岁的美籍俄裔物理学家乔治·伽莫夫（George Gamow）说，不应该舍弃这个解。

因为量子隧穿对应的物理现象是真的。

伽莫夫说，这个量子隧穿，能解释为什么原子核会衰变。我们知道原子核是质子和中子紧密结合在一起的一个核，那既然有一种力量让它们结合得这么紧密，为什么有的原子核有时候又能突然分裂呢？质子和中子怎么突然就克服了那个让它们结合的力量呢？比如 α 衰变，较大的母原子核通过释放出一个 α 粒子（包括两个质子和两个中子），变成了一个小一点的子原子核（图 32）。

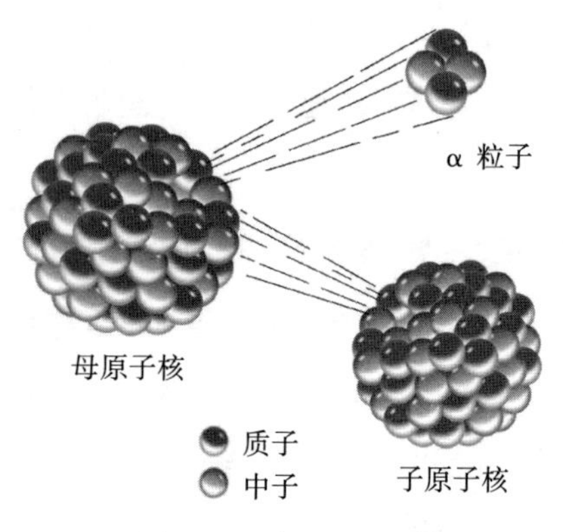


图 32　α 衰变示意图[5]

质子、中子的动能比结合力的势能小，但是它们也能跑出来，这不就是量子隧穿吗？伽莫夫的计算结果正好符合衰变概率。马克思·玻恩一听说伽莫夫的工作，立即意识到量子隧穿应该是个普遍现象。

结果物理学家放眼一看，量子隧穿在自然界简直比比皆是。

比如说核聚变，是两个比较小的原子核聚在一起，合成一个大的原子核，同时释放大量能量。太阳之所以发光发热，就是因为里面在发生核聚变反应。

但是我们知道原子核都是带正电的，正电和正电互相排斥，那这两个原子核要想克服这个排斥的电势能，本来必须要以非常高的动能发生碰撞才行，正是因为量子隧穿，核聚变才能在温度不算太高、动能不算太强的情况下发生——而按核聚变的标准，太阳的温度就不算太高。

换句话说，我们能享受太阳的光和热，多亏了量子隧穿。

在生物学中，植物能够发生光合作用，细胞能够呼吸，DNA（脱氧核糖核酸）能够自我修复，都和量子隧穿有关。

量子隧穿最著名的一个应用是 1981 年发明的“扫描隧道显微镜”（图 33）。这种仪器能测量出原子尺度的结构。它的原理是用一根探针去接近一个金属表面，探针和金属表面之间有一个非常非常小的空隙，这个空隙就相当于一堵墙。金属表面的电子本来是无法越过空隙和探针接触的，但是由于隧穿效应，电子有时候就能到达探针，探针就探测到了电流。

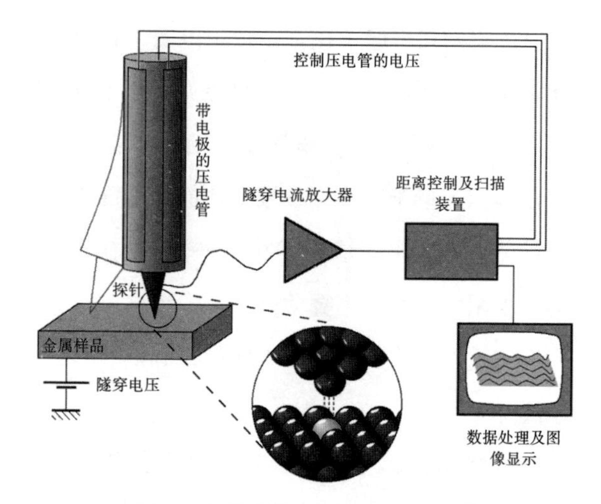


图 33　扫描隧道显微镜原理示意图 [6]

量子隧穿对墙的宽度非常非常敏感，金属表面原子的高低排列哪怕有一点点的起伏，都会在电子穿墙的概率上有所体现，而这就意味着，扫描隧道显微镜能看到原子的图像。比如图 34 就是扫描隧道显微镜看到的黄金表面的原子图像，一排排原子清晰可见。

图 34　黄金表面的原子排列 [7]

可是我们应该怎么理解量子隧穿呢？

既然 $E < V$，粒子为什么还能穿墙呢，难道说能量守恒定律在穿墙那一刻失效了吗？你有两种选择。一个选择是认为量子力学可以违反能量守恒。对物理学家来说这非常别扭，我们非常非常相信能量守恒。

另一个选择是，换个角度来理解这件事。我们知道能量和时间之间有一个不确定性原理，随着时间的推移，量子世界里系统的能量可以有一个小小的涨落，$\Delta E$。而 $E + \Delta E$，可以大于 $V$。只要尝试的次数足够多，不确定性总会有一次让能量正好够用，从而穿墙。

你选择哪种理解都可以，要点是量子隧穿是真实存在的。

我们可以畅想一下，如果粒子可以穿墙，那人是不是也可以呢？薛定谔方程可没说只适用于微观粒子，人无非就是质量大一点呗！

把人的质量代入薛定谔方程求解，理论上也有一个不为零的概率，人可以穿墙而过。但是那个概率实在是太小了。让一个人以每秒钟撞一次墙的频率不停地试验，试验到宇宙年龄那么长的时间也不会有一次成功。

不过这个假想的推导带给我们一个启发。也许真实世界中很多所谓的“不可能”，其实都是概率极其小的意思。我们其实是生活在一个概率的世界中，每天都在“拥抱不确定性”。理论上，只要数学允许，这个世界真的就像那句励志口号说的那样，“一切皆有可能”——只不过有些可能性实在太小了而已。

伽莫夫在 1956 年加入科罗拉多大学，并且在那里一直工作到 1968 年去世。科罗拉多大学物理系以伽莫夫的名字命名了一座办公楼，我在这个楼里工作过很多年，这也是我和量子英雄最近的距离。

## 问答

**灰灰：**

根据热力学第二定律，宇宙最后会达到热寂，能量不会再流动了。即使到那个状态了，还是不会有绝对静止的物体吗？

**万维钢：**

热寂的意思不是温度变成了绝对零度，而是温度在各处都一样。宇宙中所有星体都散开，到处漂浮着一些基本粒子，这样的场景，并不代表就是绝对零度。宇宙微波背景辐射仍然在，光子们仍然在，原子们仍然在震动，只不过没有什么有意义的能量流动了。

王小波有一句描写热寂的话：“将来的世界是银子的。”——这是因为银子的导热性能特别好，意思就是温度到处都一样。这个意境并不美丽，但是原子们仍然在动。

**王晓彤：**

如果我们画第一个圈，代表数学世界；画第二个圈，代表真实世界。那么，这两个世界的圈应该是什么关系？完全重合吗，还是相互包含？如果是相互包含，那谁包含谁呢？

**林曦：**

常听到人说，数学是一种精妙的、可以用来抽象化地描述物质的符号。仿佛“先有物质后有数学”。而文中又谈到，狄拉克方程通过数学，“要求”反物质的存在。感觉似乎又变成了“先有数学后有物质”。如何理解这种看似“鸡生蛋还是蛋生鸡”的关系呢？

**万维钢：**

真实世界这个圈很小，数学世界的圈很

大，真实世界包含在数学世界之中。只要一种可能性在逻辑上没问题，它就是数学世界的一部分，它就有可能，甚至可以说一定会，在某一个宇宙中发生；但是在我们的这个宇宙之中，它未必发生。

数学不存在“诞生”的问题——中国人没发现勾股定理的时候，勾股定理难道就不存在吗？勾股定理并不是因为我们而存在的，它一直存在。就算世界上没有人，甚至就算在宇宙起源之前，勾股定理就已经存在了。逻辑的存在不需要时间。

我们这个宇宙中的所有物质都起源于大爆炸，而大爆炸本身的发生、包括此后的每一步动作，都严密地符合数学。

# 8. 狄拉克统领量子电动力学

20 世纪二三十年代，物理学的天空可谓群星璀璨。量子力学刚刚创立，微观世界一下子出了好多地盘等着被人占领，那真是人人争先，都想着建功立业青史留名。

而且过了这个村，可就没这个店了。等到 20 世纪 40 年代以后，量子力学已经成熟了，再想作出重大发现就越来越难了。所以有个著名的说法叫作当时二流的物理学家能做一流的工作，后来一流的物理学家只能做二流的工作。

但是以我之见，参与创立量子力学的这些物理学家，可真没有一个是二流的。他们是要算力有算力，要灵气有灵气，要思想有思想，要个性有个性的一代人……跟他们相比，今天的科学家真没有多少展现自我的机会，有些人跟木匠和包工头差不多。所以千万不要低估当时的天下英雄。德布罗意和薛定谔刚刚接力完成“量子波”的单点突破，各路英雄就迅速跟上，量子力学全面开花。

这其中最厉害的一位，以我之见，还要数保罗·阿德里安·莫里斯·狄拉克（Paul Adrien Maurice Dirac）。

***

薛定谔方程一出来，理论物理学家们马上面临两个问题。一个是电动力学现在得改写了。我们前面讲了，麦克斯韦的旧理论里没有光子，还认为电子有一个明确的轨道，那个轨道还会辐射能量，这些明显都不管用了。另一个是，薛定谔方程是个低能量方程，它不满足狭义相对论的时空观。

物理学家迫切需要把电动力学、薛定谔方程和狭义相对论统一起来，弄一个“量子电动力学”。

把这件事干成的主力人物，正是狄拉克。1928年，也就是薛定谔方程刚刚发表两年之后，26岁的狄拉克就把量子电动力学的关键理论给做出来了。你想想狄拉克得有多么强悍的数学能力。

融合了相对论的波动方程就叫“狄拉克方程”。那么按照物理学家的常规操作，下一步就是看看这个新方程能不能解出新的物理学。

狄拉克解出了两个新事物。

一个是1931年的时候，狄拉克发现方程的解里面，除了寻常的、带负电的电子之外，还有一种质量和电子一样，但是带正电的物质，可以叫作“正电子”。强势的狄拉克说，既然我这个方程里有正电子，正电子就应该存在。

结果仅仅过了一年，美国的实验物理学家就发现了正电子。正电子也是人类所知道的第一种“反物质”。狄拉克因此拿到了1933年的诺贝尔物理学奖。

这个世界为什么会有反物质存在？因为数学要求它们存在。

狄拉克方程解出的另一个新事物，叫作“自旋”。

其实早在 1922 年，实验物理学家就已经发现了自旋。

这个实验是以发明者的名字命名的，叫“斯特恩 - 盖拉赫实验（Stern-Gerlach Experiment）”。如图 35 所示，把一束银原子从高温炉中射出，经过一个外加的磁场之后，打在屏幕上，这时银原子束变成了两束。而这很奇怪。

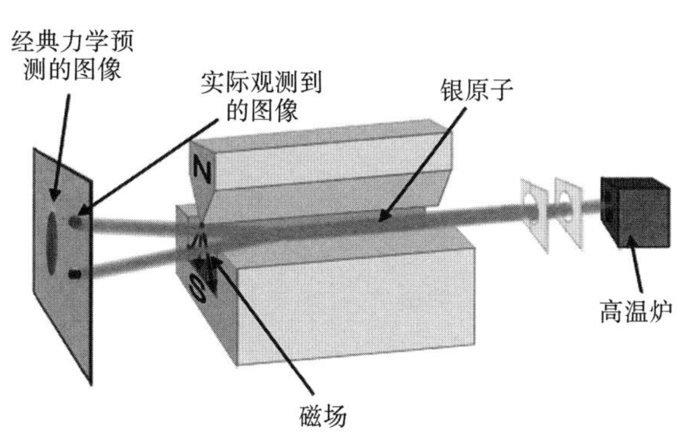


图 35　斯特恩 - 盖拉赫实验示意图 [1]

磁场为什么能偏转银原子的飞行路线呢？银原子是电中性的，但是它的最外层有一个“非配对”的电子，你可以把银原子想象成一个单个电子绕着原子核旋转的物质。根据最简单的电磁学，电子的这个环绕，形成了一个小小的环绕电流，就把银原子变成了一个小小的磁铁。磁铁，当然会被外部的磁场影响。

但如果仅仅是这样，射线应该是被连续地偏转，打在屏幕上应该是连续的一条短线才对——为什么现在射线被正好分成了两束，打在屏幕上是两个亮点呢？

唯一的解释是，电子在绕着原子核的旋转之外，自身还有一个别的什么旋转——而它自身的旋转角动量是量子化的，只有“$\frac{1}{2}$”和“$-\frac{1}{2}$”两个取值，对应屏幕上显示出的上下两束射线。我们把这个多出来的、电子自身的旋转，叫作“自旋”。如图 36 所示，$l$ 是电子绕原子核旋转的轨道角动量，$s$ 是电子向上的自旋角动量，$l+s$ 是总角动量。

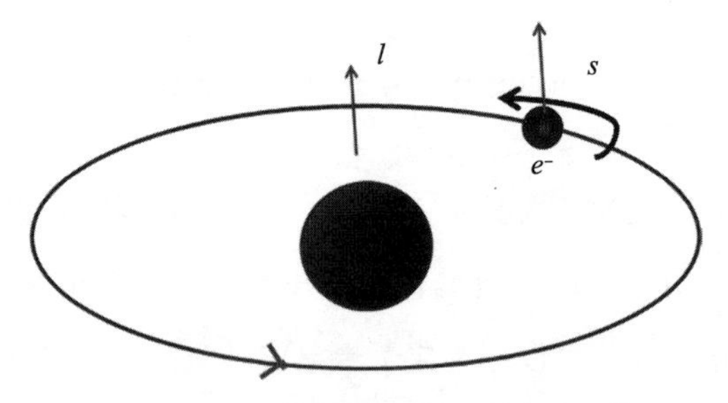


图 36　原子的轨道角动量和自旋角动量[2]

但是实验物理学家不知道自旋是从哪来的。电子自旋的 $\pm\frac{1}{2}$ 是实验凑出来的数。那这一回谁能解释自旋呢？

1926 年，狄拉克在哥本哈根和玻尔、海森堡一起做研究。当时海森堡说，三年之内肯定能有理论解释自旋这种现象。而狄拉克认为用不了三年，三个月就够……他过分乐观了。不过两年之后，狄拉克用自己的方程解出了自旋。

自旋，是狄拉克方程内在的要求。但是我劝你放弃对自旋的形象化理解。如果把电子想象成一个小球，自旋是这个小球的自转，自旋的正负号是自转的方向，那么电子的自旋是 $\frac{1}{2}$ 这个事实意味着这个小球必须得转两圈才能回到原来的样子（图 37）。

图 37　两种电子自旋方式[3]

日常生活里哪有这样的小球？再说根据电子的质量和自旋角动量计算，这个小球自转的表面速度已经超过光速了，这也不合理。

你只需要知道，自旋是电子的一个内在属性，是一个具有角动量特点的性质。当物理定律说“角动量守恒”的时候，它是说电子的总角动量——也就是轨道角动量和自旋角动量之和——是守恒的。

有了自旋这个概念，我们就可以更深刻地理解量子力学了。

***

我们要讲自旋的一个性质，这个性质跟日常生活里的事情非常不一样，以至于我实在不知道该怎么打比方——但是理解这个性质，对你理解“量子态”很有意义。

回到刚才的斯特恩 - 盖拉赫实验，外加磁场把银原子束一分为二，一半向上一半向下，这说明最外层那个电子的自旋，正好一半是 $\frac{1}{2}$，一半是 $-\frac{1}{2}$。我们只考虑正负号，那么电子的状态，就可以写成如下形式：

$$|\Psi\rangle = \frac{1}{\sqrt{2}}|+\rangle + \frac{1}{\sqrt{2}}|-\rangle$$

我们用了狄拉克发明的“半个括号”（“$|\rangle$”）来表示一个量子态，这个公式说的就是电子的量子态可以写成自旋方向是 + 和 - 的两个量子态之和。其中的“$\frac{1}{\sqrt{2}}$”是为了保证每个态的概率都是$\frac{1}{2}$：别忘了，概率等于波函数绝对值的平方。

你注意到没有？这个对自旋的描述，跟“波”完全没关系，这里面没有任何波动性。量子态并不一定非得有波。“波函数”“波粒二象性”，这些名词都是历史路径依赖带来的，更科学的叫法是“态函数”和“量子叠加态”。

上面那个公式可以这么理解：以自旋而论，电子处于 + 和 - 两个自旋的叠加态。实验观测会让它“坍缩”到其中一个态上去，而坍缩到每个态的概率都是$\frac{1}{2}$，所以银原子被分成了两束。

这没问题吧？好，现在我们来考虑一个烧脑的实验过程。这个过程非常精妙，请你仔细体会。

你想过没有，为什么斯特恩 - 盖拉赫实验中电子的自旋的 + - 取向，正好和外加磁场的方向一致呢？正好是一个向上一个向下。难道说电子在决定自己如何自旋之前，知道外加磁场是什么方向的吗？

当然不能这么说。我们只能理解为，任选一个方向，电子自旋都是那个方向上的叠加态。比如假设磁场是空间中的 $z$ 方向，那么我们就可以说：

$$|\Psi\rangle = \frac{1}{\sqrt{2}}|+\rangle_z + \frac{1}{\sqrt{2}}|-\rangle_z$$

你把磁场换成 $x$ 方向，电子的态函数也可以写成：

$$|\Psi\rangle = \frac{1}{\sqrt{2}}|+\rangle_x + \frac{1}{\sqrt{2}}|-\rangle_x$$

也就是说，电子的状态本来是“不可说”的，是你非要在一个方向上做实验，逼着电子在这个方向上“表态”，它才不得不表现为两个自旋的叠加态。

是你的观测，给了电子一个自我表达的视角。电子本来没有视角。

理解了这一点，我们再看下一步。

我们设想，银原子经过了一个 $z$ 方向上的斯特恩 - 盖拉赫磁场之后，你引出了其中代表电子自旋是 $+\frac{1}{2}$ 的那一束。你非常清楚，现在这些电子的

态函数是 $|+\rangle_z$。

现在如果你把这一束 $|+\rangle_z$ 银原子再过一遍 $z$ 方向上的斯特恩 - 盖拉赫磁场，它就不会变成两束了，会保持一束。它对自己的表态很忠诚。

那好，现在我们把这一束 $|+\rangle_z$ 银原子，在 $x$ 方向上再经过一个斯特恩 - 盖拉赫磁场，你猜你会得到什么？

你仍然会得到 $x$ 方向上的两束。也就是说这个“$z$ 方向自旋为 +”的态函数，还可以用 $x$ 方向上的两个自旋态叠加，即：

$$|+\rangle_z = \frac{1}{\sqrt{2}}|+\rangle_x + \frac{1}{\sqrt{2}}|-\rangle_x$$

因为 $x$ 方向和 $z$ 方向是完全垂直的，等于是互相没关系，所以两个叠加态的概率仍然是各自 $\frac{1}{2}$ [4]。

宏观世界里没有这样的事情。比如我们知道地球有个自转，这个自转的方向是固定的。你沿着地轴方向问地球的“自旋”，地球会告诉你是 1；你换一个垂直方向再问地球的自旋，地球只会告诉你，它在那个方向上没有自旋，或者说自旋是 0。但是电子的自旋量子数只有 $\pm\frac{1}{2}$ 这两个选项！在 $z$ 方向是 $+\frac{1}{2}$，换成 $x$ 方向再测，又是 $\pm\frac{1}{2}$。

这就等于说，哪怕电子已经在一个方向上明确表态了，你还可以逼着它在另一个方向上再表态一次。它仍然处在第二个方向上的量子叠加态中。这是自旋的一个非常奇妙的性质。自旋不会死，它可以变。

而自旋之所以不死，也可以理解为海森堡不确定性的要求：你不能同时确定一个电子在 $z$ 和 $x$ 两个方向上的自旋。一个确定了，另一个马上变得不确定。

我们再进一步。从第二个斯特恩 - 盖拉赫装置（$x$ 方向）中出来的两束银原子中，我们再选其中代表 $x$ 方向自旋是 + 的一束，也就是 $|+\rangle_X$ 然后再让它过一次 $z$ 方向上的斯特恩 - 盖拉赫装置，你猜会怎样？

整个实验过程如图 38 所示。

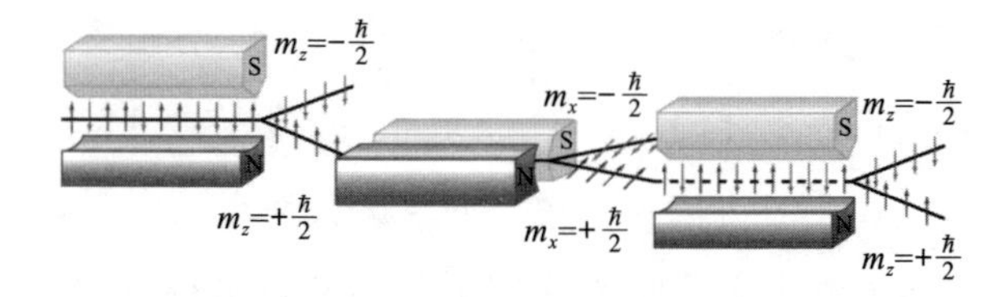


图 38　电子三次通过斯特恩 - 盖拉赫装置的结果

答案是银原子又被分成了两束。

你体会一下这个过程。从第一个磁场出来，我们已经选择了 $z$ 方向为 + 这一束，这些电子已经对 $z$ 方向表过态了。可是在第三个磁场上你又让它们对 $z$ 方向表态，它们再次变成了叠加态。这是为什么呢？因为过第二个磁场时在 $x$ 方向上的表态，破坏了前面在 $z$ 方向上的表态，现在它必须重新表态，即：

$$|+\rangle_x = \frac{1}{\sqrt{2}}|+\rangle_z + \frac{1}{\sqrt{2}}|-\rangle_z$$

电子任何时候都有自旋，它的自旋永不停息——但是它的自旋可以完全没有明确的方向：你在哪个方向上让它表态，它总是告诉你它的自旋在这个方向上或者是 $+\frac{1}{2}$，或者是 $-\frac{1}{2}$。你换个方向再问，它又是同样完整地表态。

如果让我强行打个比方，电子就相当于是这么一位“老张”。你问老张支持美国哪个党，老张说我是个全职的政治活动家，我一半的时间全力以赴支持共和党，一半的时间全力以赴支持民主党。然后你又问老张是否相信全球变暖学说，老张说我是个全职的气候运动活动家，我一半的时间全力以赴宣传全球变暖学说，一半的时间全力以赴反对全球变暖学说。

你心想，老张能同时拥有两种相反的立场，这已经够神奇的了，可更神奇的是，他为什么不管干啥都是“全职”呢？他到底是全职搞政治还是全职搞气候运动？老张到底是干啥的呢？

电子干啥，完全取决于你怎么问它。理解了这一点，现在我们可以说说到底该如何理解量子力学现象了。

***

这个很后来才有的、更深刻的理解，叫作“冯·诺依曼投影公设（von Neumann's projection postulate）”。它出自数学家和物理学家、计算机之父、博弈论之父，约翰·冯·诺依曼（John von Neumann）。冯·诺依曼可能是近代最聪明的人，但是你不要被他的名气吓倒，我们要说的意思很简单。

第一，每个量子态，都可以展开为一系列基本的量子态的叠加[5]，即：

$$|\Psi\rangle = c_1|e_1\rangle + c_2|e_2\rangle + \ldots + c_n|e_n\rangle$$

第二,一次实验观测之后，系统就“坍缩”到其中某一个态 $e_i$。而到底坍缩到哪个态，由系数 $c_i$ 的绝对值的平方决定。

第三，从此之后，系统就一直处于 $e_i$ 这个态。但如果这个 $e_i$ 态还有不确定性，系统就可以再次被观测到别的态，方法仍然是用量子态叠加展开。

根据这个理解，薛定谔的波函数是什么呢？无非就是量子态在位置和动量这两个视角上的连续叠加展开。为什么电子打在屏幕上就变成粒子了？因为不确定性消失了，没有叠加态了。为什么 $z$ 方向上已经表过态的电子还能在 $x$ 方向上再表一次态？因为不确定性还在，还能继续展开成叠加态。

量子力学是表态的科学，实验是对不确定性的操弄。

有了自旋，就可以用量子力学解释世间万物为什么是我们看到的这个样子了。

狄拉克总是追求物理学的数学美。玻尔曾说，“在所有的物理学家中，狄拉克拥有最纯洁的灵魂。”杨振宁说，狄拉克的文章给人“秋水文章不染尘”的感受，没有任何渣滓，直达深处，直达宇宙的奥秘。

**木头：**

如果电子经过了一个 $z$ 方向上的磁场之后，引出了其中一束电子，再经过一个不与 $z$ 方向垂直（非 $x$ 方向）的磁场，会出现什么情况呢？

**万维钢：**

一切都取决于夹角。假设那个新方向跟 $z$ 的正方向的夹角是 $\theta$，而你引出的电子是 $z$ 的正自旋，那么它在新方向上仍然取值为正的系数是 $\cos(\frac{\theta}{2})$，概率则是这个系数的绝对值的平方，也就是 $|\cos(\frac{\theta}{2})|^2$。

**黄礼贤：**

对于文科生来说，如果抛开数学计算的公式，对于电子自旋和量子叠加态是否就很难做更深入的理解呢？

**万维钢：**

我们总可以使用一些打比方的办法尽量体会量子力学在说什么，但是那些比喻必然会让理解变得模糊，而且会造成各种误解。

玻尔有句话："如果一个人不为量子力学感到震惊，他就没有理解量子力学。"费曼有句话："如果一个人说他理解量子力学，他就是没理解量子力学。"

如果你觉得量子力学就相当于日常生活中的什么东西如何如何，那就一定是错误的理解。这就如同翻译一样，中译英，英译中，梵文佛经翻译成中文或者英文，其中都有些词只有音译，因为实在找不到准确的对应。

而你只要稍微用一点数学，就能获得百倍的理解。

# 9. 世间万物为什么是这个样子

我在本书的开头说了，哪有什么岁月静好，不过是微观的粒子们替你诡秘前行。现在我们的量子力学知识已经差不多可以解释一下，日常世界为什么是这个样子了。

如果让你来设计一款电子游戏，在游戏中创造一个虚拟世界，你会怎么做呢？你要画一张大地图，在其中设定各种环境、生物、资源、法术和武器，你要让战斗中的物理和化学过程真实合理，你要精心控制游戏的平衡，你还必须把这个虚拟世界弄得非常美观可爱才行。为此你必须聘请很多专业人员，包括程序员、美工、编剧，甚至还要有经济学家和数学家。

但问题是你想过没有？我们生活的这个世界比任何电子游戏都复杂得多，可我们这个世界没有设计师。那我们这个世界是从哪儿来的呢？当然是演化而来的。

现在科学家有充分的证据可以证明，从宇宙大爆炸一启动，这个世界根本不需要任何设计，就慢慢地、自行地演化出了万事万物，包括我们。而很多物理学家相信，只要我们把最根本的那几条规则找到，剩下的所有事情就都能用数学推导出来。

上一节讲到的量子电动力学，就是那些规则的一部分。量子电动力学是什么概念呢？这么说吧，引力，属于广义相对论的范畴；原子核以内的东西，涉及更现代也更高深的物理理论——不考虑引力，在原子核外面的一切事物，都归量子电动力学管。

掌握了量子电动力学，你就几乎把这个世界抓在了手中。

***

那怎么从量子电动力学理解整个花花世界呢？关键在于理解原子。

深受粉丝爱戴的物理学家理查德·菲利普斯·费曼（Richard Philips Feynman），在所著的《费曼物理学讲义》（*The Feynman's Lectures on Physics*）的一开头说，如果由于某种大灾难，所有的科学知识都丢失了，只有一句话传给下一代，这句话应该是什么呢？是“所有的物体都是由原子构成的”。

我们看看物理学家眼中的原子是什么样的。普通人经常把原子想象成一个个的小球。你用扫描隧道显微镜观察金属的表面，看到的就是排列整理的小球——但是请注意，你看到的并不是真正的原子，你看到的其实是原子中的电子穿越空隙的概率。

真实的原子，首先是一个非常空旷的结构。原子核中一个质子的活动范围大约只有 $10^{-15}$ 米，而原子核外面电子的活动范围大约是原子核的 10 万倍。如果让你画一个原子，你不管怎么画都会大大夸大原子核的大小。而电子就更小了—— 你甚至都不能说电子有体积，最好把它想象成一个抽象的“点”，它的踪迹则是一片“云”，它在原子空旷的空间中神出鬼没。

这就引出了一个关键事实：原子中并没有一个能跟你发生直接接触的“实体”。广阔空间中的两个点，怎么可能发生直接的碰撞呢？你永远都摸不到一个质子、中子和电子。

那你说我用拳头砸墙，为什么手会疼呢？我触摸各种物体，为什么会有那么鲜明的触感呢？你感受到的一切，都是电磁相互作用。你手上的电子和墙上的电子都带负电，它们一离近了就互相排斥。根据不同的距离和温度，这个排斥力有时候强有时候弱，有时候密集有时候稀疏，而你的全部感觉都来自这个排斥力。

你在日常生活中看到一根铁棍断裂了，汽车的车身被刮了一下，所有这些变化，以及所有的化学反应，都跟原子核没什么关系。化学家发明了各种理论来描写这些现象，比如“化学键”之类的，其实说的都是电子跟电子的关系。

用原子解释世界的关键，是理解原子中的电子。

电子在原子中是以什么样的状态存在的呢？我们已经知道，因为不确定性原理，电子并没有明确的轨道，它的踪迹是“电子云”。它在固定的能级上不会辐射能量，也不会掉落到原子核中去。而薛定谔通过解波动方程，就已经把电子的所有能级和对应的“云”都算出来了，图39就是氢原子的“云”。

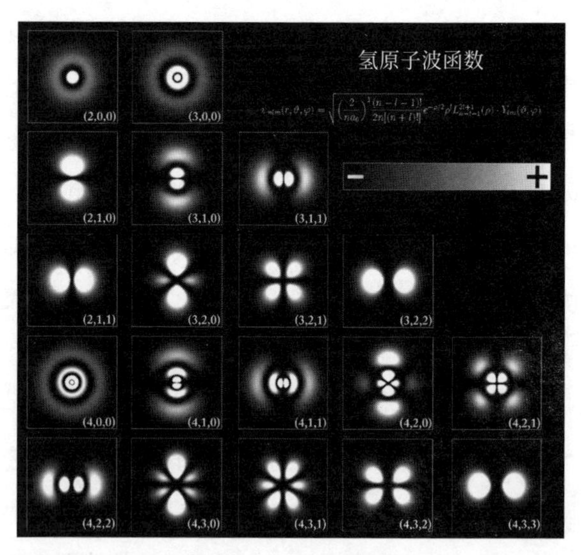


图39　氢原子的波函数概率云[1]

请注意电子云是有形状和颜色的，形状代表电子可能被发现的位置，颜色的深浅代表电子在一个位置被发现的概率大小。我们可以把云的形状理解成电子的“轨道”。描写氢原子电子的一个“轨道”状态，需要三个“量子数”。

第一个是“主量子数” $n$，代表电子所处的能级。从低能级到高能级，$n = 1$、2、3…如此排列下去。能级越高，电子出现在那里的概率就越低。

第二个是“角动量量子数” $l$，代表电子轨道的形状。量子力学没有传统意义上轨道的概念，但是波函数有一定的形状，表现出来就是电子云的形状。薛定谔方程要求电子轨道的角动量是量子化的，也就是只能取有限的几个形状，$l=0, 1, 2, \cdots, n-1$。其中 $l = 0$ 对应的电子云是标准的球形，$l$ 值越大电子云越扁。

第三个有时候被称为“磁量子数”，$m = -l, -l+1, \cdots, l-1, l$，代表电子轨道的方向。

我们看图 39 中，每个电子云下面的数字，对应的就是 $(n, l, m)$。一说 $(n, l, m)$ 是多少，电子的能级、轨道形状和方向就都出来了。后来有了自旋的知识之后，我们再把自旋量子数 $s=\pm\frac{1}{2}$ 加进去，就是四个量子数完全决定了电子的状态。

氢原子是最简单的原子，它只有一个质子，没有中子，也只有一个电子。那么对于其他的原子来说，无非就是增加原子核里的质子和中子、原子核外面的电子，数学方法还是一样的，仍然是四个量子数决定每个电子的状态。

那么就有一个关键问题。

为什么那些有多个电子的原子，它们的电子们会纷纷往外面的轨道上排，而不是所有电子都挤在最低的能级上呢？薛定谔方程不是说越低的能级发生的概率就越大吗？

你要知道，所有电子都挤在最低能级上是不现实的。首先，越是大原子核，它的电量越多，它的最低能级的轨道半径就越小。如果所有电子都集中在最低能级的话，越是大原子，电子势力范围就会越小，这跟我们看到的可不一样。其次，更重要的一点是，电子排列方式单一，会导致所有原子的化学性质都差不多，那就根本不会有什么复杂的化学反应了，我们看到的就会是一个非常没意思的世界。

那电子们到底为啥不挤在一起呢?

原因正是你在中学学过的那个“泡利不相容原理”。

***

沃尔夫冈·恩斯特·泡利(Wolfgang Ernst Pauli)出生于1900年，是个少年天才。泡利19岁的时候在慕尼黑大学念研究生，爱因斯坦去做报告，他当场就敢站起来指出爱因斯坦的错误。20岁时他写了一本《相对论》(*Theory of Relativity*)，爱因斯坦一看就说他是把相对论讲得最明白的人。

泡利给马克斯·玻恩当过助手，在哥本哈根跟玻尔和海森堡一起工作过一年，算是哥本哈根学派的人物。泡利听说了自旋之后，立即意识到自旋对电子在原子核之外的排布有关键作用。他在1925年提出了“不相容原理”。

泡利不相容原理说，一个原子中任意两个电子的四个量子数，不能完全相同。

正是因为这个原理，电子们才不得不一个一个往外排。比如说对于最低能级 $n = 1$，因为 $l$ 和 $m$ 只能是 0，电子就只剩下自旋量子数 $\pm\frac{1}{2}$ 这两个选择，所以最低能级上只能排列两个电子。以此类推，泡利不相容原理要求电子们一层一层地向外排，一直排到最外层。正是因为这种排法，大原子的势力范围才能相对更大，也才有了常常是由外层电子决定的各种化学性质。

世界如此多姿多彩，多亏了泡利不相容原理。

那你可能又要问了，泡利不相容原理的原理又是什么呢？电子们又不认识泡利，它们为什么非得遵守这个规则呢？

根本原因还是自旋的数学。所有基本粒子可以分为两类。一类叫“玻色子”，它们的自旋是整数。像光子就是玻色子，自旋是 1。玻色子是“力”——也就是“相互作用”——的传播者，像胶子、介子、希格斯粒子和想象中的引力子都是玻色子。另一类叫“费米子”，它们的自旋是半整数，也就是 $\pm\frac{1}{2}$、$\pm\frac{3}{2}$、$\pm\frac{5}{2}$ 这种，费米子是力的感受者，像电子、质子、中子都是费米子。

而在数学上，我们可以证明，由一组玻色子组成的系统，它的波函数一定具有交换对称性。也就是说你把其中两个粒子调换一下位置，波函数不变。而由一组费米子组成的系统，它的波函数具有反对称性，你调换位置会让波函数改变正负号。为什么呢？其中的数学细节我们就不详细讲了，大致来说，交换就相当于旋转，而费米子转一圈转不回来。

因为费米子波函数的这个反对称性，它在对称中心点的取值就必须是 0。中心点是什么点？是所有量子数都相同的点。因为波函数在这里必须是 0，所以费米子的量子数不能完全相同。

因此泡利不相容原理的本质就是，“两个全同费米子的波函数，一定是交换反对称的”。

简单来说——

之所以有化学，是因为泡利不相容原理；

之所以有泡利不相容原理，是因为费米子波函数是反对称的；

之所以费米子波函数是反对称的，是因为自旋；

之所以有自旋，是因为量子电动力学。

设定了量子电动力学，你就设定了原子核以外的世界。

那如此说来，一个海森堡不确定性原理一个泡利不相容原理，一个薛定谔方程一个狄拉克方程，量子力学至此可以说是已经大功告成啊！原子现在不是问题了。开尔文男爵 1900 年说的两朵乌云已经都解决了。万事万物再一次各安其位，那物理学家是不是应该都获得了内心的和平呢？

并没有。至少有些人没有。有些人要求，对波函数到底是怎么回事，量子世界的种种怪异行为，必须有一个让人信服的解释才行。

可是越解释，就越觉得整个量子理论非常诡异。

泡利在物理学家中以爱给人挑错和直言不讳地批评著称，人称“物理学的良心”。据费曼说，如果你做报告的时候泡利听着听着睡着了，你应该对此感到高兴——这说明你的报告中没什么错误，泡利允许你继续讲下去……

## 问答

**胖头鱼：**

泡利不相容原理表明有些量子态是互斥的，这个互斥会体现为一种“力”，请问这种“力”和四大相互作用是平行关系吗？

**万维钢：**

这个问题太好了。泡利不相容原理的确可以表现出一种“力”的样子，所以有时候称之为“简并压力（degeneracy pressure）”。简并压力要求两个全同费米子永远都不能占据同一个位置，必须保持某种“社交距离”。但是，严格地说，简并压力并不是一种力：因为力都是可以讲大小的，可以互相对抗，而简并压力不讲大小，它超越一切的力。

我举个例子。所有质量不算太大的恒星——比如我们这个太阳——等到把所有核聚变燃料都烧光之后，都会慢慢冷下来，变成

“白矮星”。因为内部不再产生热量让它有一个向外膨胀的力去对抗引力，它自身的引力就是最后剩下的最强的力。白矮星中可能有碳、氧、氖、镁这些元素，有电子、质子和中子，它们就这样一个压一个地聚集在一起。而单纯由质量带来的引力，就会比那些粒子们同性相斥的那个电磁相互作用力还要大，以至于白矮星会被自身引力压垮。

但是它不会垮成一个特别小的东西！就算电磁力都对抗不了引力了，简并压也会阻止白矮星进一步垮掉。泡利不相容原理说，任何两个相同的基本粒子不能在一起，它们必须一个个往外排好。

而如果这颗恒星的质量比我们这个太阳的 1.44 倍还大，但是比太阳质量的 3.2 倍小，它在烧光燃料之后就会变成一颗中子星。它自身的引力如此之大，以至于把原本带负电的电子和原本带正电的质子压在了一起，变成了电中性的中子——但是即便如此，泡利不相容原理说，因为中子也是费米子，两个中子也不能占据同一个位置，所以也要有简并压，所以中子星的体积也必须是有限的，不能特别特别小。

这些都不仅仅是理论推导的结论，都有天文观测的证据证实。天上有很多白矮星，有少量中子星，它们都是恒星的尸体……是泡利不相容原理让它们保住了最后的身体，还能让我们看到。

而如果一颗恒星的质量比太阳质量的 3.2 倍还大，那它在烧光燃料之后将成为黑洞。黑洞内部是什么样子，泡利不相容原理对黑洞做了什么，就不是我们现在所明确知道的了。

**欧阳潇楠 Merlin:**

前面有一节您提到，我们发现了质子、电子、原子等的作用机理和基本规律后，就可以说全宇宙间的所有的事都符合这些定律，您说全宇宙都是由这些基本粒子组成的，所以规律普遍适用。那会不会存在一些人类目前完全没有探索到或无法感知的粒子或是其他物质，是违反这些定律的呢？

**万维钢：**

如果我们没有一个特别好的理论，只是单纯地总结已经看到的这些粒子的规律，那的确不敢说宇宙中就没有别的、我们不认识的物质了。但我们现在有很好的理论。

比如说元素周期表。我们不是随便给元素分类，我们是从原子核里有一个质子、两个质子，一直到几百个质子，包括不管有多少个中子，都搞明白了。这张表里给每一个理论上可能存在的元素都留了位置，而且该找到的都找到了。所谓不该找到的，都是质子数特别多的原子——而我们可以计算出来，那种原子是非常不稳定的，或者会迅速衰变成比较小的原子，或者根本就凝聚不起来。

因为元素周期表非常全面，我们可以说，宇宙中凡是由质子、中子和电子组成的物质，我们都了解了，不会再有不一样的了。

同样的道理，物理学家现在有个“标准模型”，把凡是可能参与四个相互作用的粒子也都算出来了。这四种相互作用是引力、电磁力、让原子核凝聚在一起的强相互作用，以及让原子核衰变的弱相互作用。这个模型中凡是自然界没有而理论上可以有的，我们都用对撞机撞出来过——它们之所以不会在自然界出现，是因为寿命太短暂了，一撞出来马上就衰变成别的粒子了。

标准模型预言存在的、最后一个被实验找到的粒子，正是著名的所谓“上帝粒子”，也就是希格斯玻色子。

这个精神跟狄拉克的方程预言有正电子，后来就找到了正电子是一样的。

那你说有没有可能，标准模型也是不全面的，还有某些物质是标准模型以外的东西呢？这个也有可能。现在人们深刻怀疑，所谓“暗物质”，就是这么一种现有的物理定律无法解释的存在。暗物质只有重量，似乎只参加引力作用而绝不参加电磁相互作用——标准模型里没有这样的粒子。所以暗物质是个谜，是个“不太对”的东西。

但是除了暗物质之外，天文学家拿望远镜

这里看看那里看看，看到的一切物理现象，几乎都是现有理论能够解释的——当然不是百分之百都能解释，比如近年来天文学家用望远镜观测到一些神秘的高能量信号，称为“快速射电暴”，现在就暂时还不能解释，不过不太可能对应什么新的物质。

这个要点是，宇宙中的现象我们现在几乎都能解释。如果除了暗物质之外还有别的东西，我们现在至少没看到它有什么明显作用。而且根据“我们在宇宙中的位置并不特殊”这个原理，如果是地球附近没有的东西，别的地方也不太可能有。

**桑晨：**

随着芯片制程的不断升级，芯片制程从 7 纳米到 5 纳米，再到最后的 1 纳米，是不是已经到达摩尔定律的极限了？

**万维钢：**

一个硅原子的直径就有 0.5 纳米，晶体管再小，最细的地方也不可能比 1 纳米更小了，所以可以说我们正在接近摩尔定律的极限。

但是正如迈克斯·泰格马克（Max Tegmark）在《生命 3.0》（*Life* 3.0）这本书里所说，我们没有任何理由只能依靠晶体管做计算。理论上计算的最小单元是一个原子，而且 CPU 不一定非得是平面二维的结构。单纯从物理学考虑，合理的计算能力上限，大约比现有的 CPU 高出 $10^{30}$ 倍……只是我们不知道那样的计算如何实现。

但摩尔定律的极限并不是由量子力学效应决定的。量子力学效应说原子在那么小的尺度上会有一定的不确定性，但是并不禁止我们操纵原子。质子和中子的重量都是电子的 1837 倍，而硅原子有 14 个质子和 14 个中子，所以比电子重得多，它的波长非常小，不确定性十分有限。

# 10. 全同粒子的怪异行为

在我们日常生活中，有没有两个完全相同的东西呢？应该是没有。

比如说一对双胞胎，哪怕假设他们的基因完全一样，但他们各自的人生经历、他们的记忆、他们吃的每顿饭都不可能是完全一样的，表现在身体和大脑的神经连接上，这两个人总会存在差异。

再比如说，同一个工厂、同一个批次生产出来的标准化产品，像是手机，是绝对相同的吗？肯定也不是。如果你用放大镜去看，总能找出零件上的不同磨痕，玻璃上的细微差异。

宏观世界里任何两个东西，哪怕你假设它们真的是看起来完全一样的，我也能找出不一样来。比如说，它们不可能在同一时间占据同一个位置，对吧？你把这两个东西横摆在我面前，它们总得是一个在左边一个在右边吧？我总可以给它们编上号：左边这个是 1 号，右边这个是 2 号——这就是不一样。

我在得到 App 的“精英日课”专栏里讲过“丑小鸭定理”，说的就是，两只天鹅之间的差别，和丑小鸭跟天鹅之间的差别是一样大的，世界上没有完全相同的两个东西。

但是，在微观世界里，两个电子，却是完全相同的。

对物理学家来说电子只是一个点。电子身上没有任何痕迹能让你找到差别的线索。电子没有年龄，你怎么看也看不出来哪个电子更老一些，哪个电子是后出生的。

更神奇的是，你甚至不能给电子编号。

在宏观世界里，比如你给我三个小球，我总

能把它们从左到右排列好，在我自己的意念之中给它们编号为 A、B、C。只要我一直盯住它们不放，那不管你怎么改变顺序，我也能一直区别谁是谁。所以这三个小球哪怕外表看起来绝对相同，它们在我的眼中也会有六种排列方式：ABC、ACB、BAC、BCA、CAB 和 CBA。

但是电子不能这么排。三个电子摆在你面前，只有一种排列方法，AAA。

量子力学中有个概念叫作“全同粒子”，全同的意思是无法区分。电子和电子，质子和质子，一切名称相同的粒子都是全同粒子。全同粒子不仅仅是外观和物理性质一样，而且在根本上、在数学上，都是无法区分的。

这其中就包括，你哪怕在意念之中，也无法给三个电子编号。因为根据不确定性原理，电子没有明确的轨道，你根本就不可能一直盯住它们三个。哪怕是全知全能的上帝也区分不了它们。

这个知识非常重要。表现在统计物理学上，就是对全同粒子的统计和对普通事物的统计是非常不一样的，有一个宏观的效应。

有了全同粒子的知识，我们就可以欣赏一个精妙的实验。

这个实验叫“洪 - 欧 - 曼德尔效应（Hong–Ou–Mandel effect）”实验，是罗切斯特大学的三位物理学家在 1987 年做成的[1]。它对量子计算机很有用，但是我讲这个实验不是因为有用，而是因为有趣。我希望你仔细琢磨一下其中的奥妙，感受感受量子世界。

我们先来介绍一个简单的物理仪器，叫作“分束器（beam splitter）”。它的作用是把一束入射的光分成两束：一束反射，一束透射。只要入射角正好是 45 度，反射和透射光束就正好各占原光束的一半（图 40）。

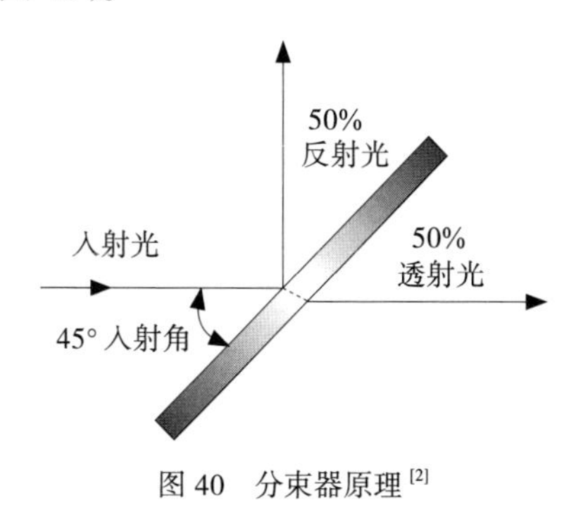


图 40　分束器原理[2]

分束器的构造很简单，就是一块厚玻璃的一面镀上银（图 41）。镀银的这一面就好像镜子一样，只不过是半透明的镜子。如果我们不是用一束光，而是只把一个光子打到分束器上，那可想而知，光子会有 50% 的可能性反射，50% 的可能性透射。

图 41　一个真实的分束器 [3]

下面是重要的一点：从镀银的这一面反射出来的光子，会获得一个 180°（也就是 π）的相位差，导致它的态函数要改变一次正负号 [4]。但是从分束器另一面反射或者任何透射的光子，都不会改变相位 [5]（图 42）。

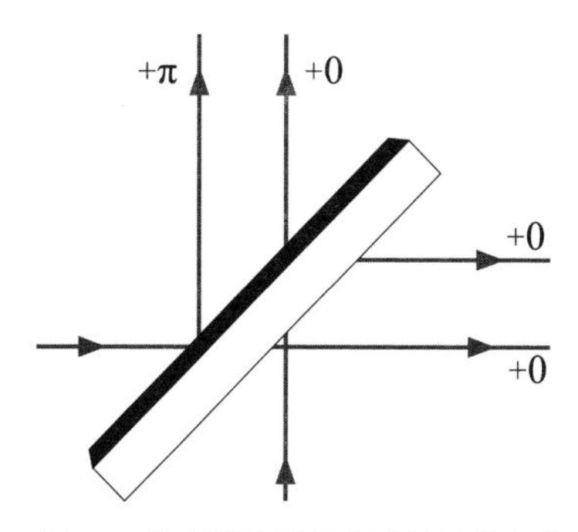


图 42 分束器的反射和透射相位变化

这些都是非常基本的性质，所有做光学实验的人都会用到分束器。

好，现在我们的实验是这样的。假设分束器是平放的，下面的一面镀银。有两个光子，一个从分束器的上方 45° 角入射，另一个从分束器的下方 45° 角入射。你猜会发生什么？

光子遇到分束器后有两个选择，反射或者透射，可能性各占 50%。所以两个光子的行为一共有四种可能性——

1. 上面的光子反射，下面的光子透射［图 43（a）］;

2. 上下两个光子都透射［图 43（b）］;

3. 上下两个光子都反射［图 43（c）］；

4. 上面的光子透射，下面的光子反射［图 43（d）］；

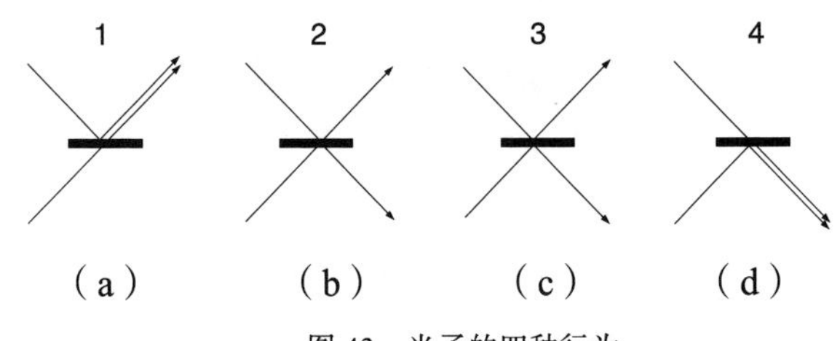


图 43　光子的四种行为

没问题吧？

好，现在根据量子力学，这件事总的态函数应该写成这四种情况的叠加态。但是考虑到分束器是下面镀银，下面的光子反射的时候会带来一个相位差，也就是一个负号，所以总态函数是 $\Psi$ = 第一种情况 + 第二种情况 - 第三种情况 - 第四种情况。用图形表示，等式右侧就是 图 44 所示情况。

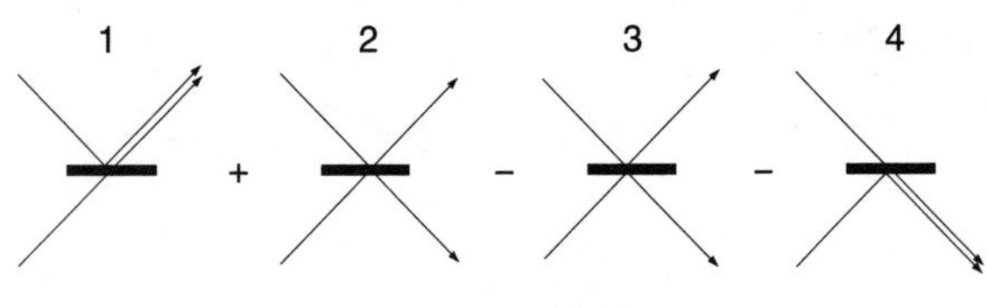


图 44　四种情况的叠加方式

这时候请注意，如果这两个光子是全同的，第二种情况（两个光子都透射）和第三种情况（两个光子都反射）的结局就是不可区分的。对吧？因为你根本无法跟踪这两个光子，你不知道从分束器里跑出来的到底哪个是哪个，两种情况的结局都是两个光子从两侧跑出来。而又因为第三种情况有个负号，所以第二和第三种情况互相抵消了（图 45）。

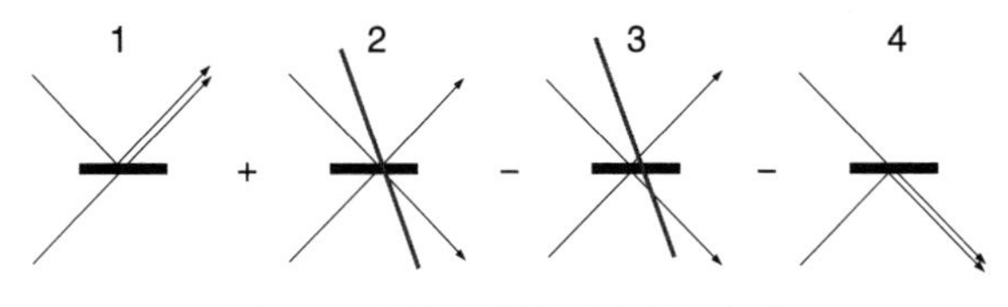


图 45　两种情况抵消后的叠加方式

“洪 - 欧 - 曼德尔效应”的实验结果正是如此：只剩下第一和第四种情况。你看到的或者是两个光子一起从上方跑出来，或者是一起从下方跑出来，而绝不会是各自从不同的方向出来。

我们想想这件事有多怪异。光子是完全自由的。它们各自都有反射和透射两个选项，完全没有理由约好了一起走。但结果却是它们必须一起走。

这就好比说十字路口的东边来了一个老张，南边来了一个老李，两人正好在路口相遇。他们都是完全自由的。老张本来打算要么直行往西，要么右转往北；老李本来打算要么直行往北，要么左转往西。在经典世俗的生活中他们既可以一起往北或者往西，也可以一个往北一个往西，是吧？

可是奇怪的事情发生了。实验结果是老张和老李总是选择同一方向。就好像他俩认识一样，聊了几句就决定必须一起走。

是谁给了两个光子这样的协调性呢？

这个事儿跟传统光学的干涉现象没关系。传统光学的干涉，是一束光的波峰正好跟另一束光的波谷重叠导致的相互抵消——需要两束光在一起才能干涉。可是这里被抵消掉的恰恰是两个光子选择不同方向的那两个量子态[6]。

“洪 - 欧 - 曼德尔效应”再次告诉我们，“量子叠加态”，是比波函数更为深刻的表达。在量子叠加态中，不但两个波的波峰和波谷能抵消，连两个事件都可以互相抵消。

事实上如果你学量子电动力学，你会学到费曼发明的“费曼图”，他的做法就是要把所有可能发生的粒子事件一个一个画出来，让事件之间做加加减减——这个做法被称为“费曼规则”。

“洪 - 欧 - 曼德尔效应”还让我们看到了，全同粒子，那是真的不可区分的。

全同粒子这个不可区分的性质，让物理学家深感不安。为什么非得是这样的呢？我听到的最离奇的解释，来自费曼的导师，约翰·阿奇伯德·惠勒（John Archibald Wheeler）。惠勒是一位卓有贡献的理论物理学家，“黑洞”这个词就是他发明的，他的脑洞比较大。

有一天，惠勒突发奇想，给费曼打电话说，他知道为什么电子是全同的了。费曼问为什么？惠勒说，因为整个宇宙中只有一个电子！

我想，费曼如果当时用的是微信，一定会缓缓打出一个用手捂脸的表情。只有一个电子，难道说这个电子实现了实体化无处不在，可以制造无数个分身同时让人观测到吗？费曼没当回事，惠勒提了一下也不了了之。

那到底应该如何理解粒子的全同性呢？以我之见，很可能还是因为基本粒子实际上都是数学结构，是抽象的存在。具体的事物，我们总可以找出一些特征来加以区分。抽象的东西，比如数字“1”，你写出多少个来，也只能是全同的。

那为什么日常生活中的各种事物没有全同的呢？因为其中包含的粒子实在太多了。每一个物体都是基本粒子排列组合形成的，它们排列组合的方式实在太多，以至于你无法找到两个完全相同的物体。如果基本粒子是字母，宏观物体就好像长篇小说——字母都是全同的字母，但是小说跟小说没有一样的。此外，宏观物体的位置不确定性也变得可以忽略不计，让你可以跟踪了。

但是要沿着这个思路往深了想，可能会有点胆战心惊。如果这个世界最底层的积木都是抽象的存在，都是数学结构，那这些积木组成的物体就算失去了全同性，不也还是数学结构吗？也许我们身边的一切，包括你和我，都只不过是数学元素的排列组合而已。

那要这么说的话，这个世界还是真实的吗？它跟电子游戏里的虚拟世界又有什么本质区别呢？这个话题有点危险，我们还是先回到量子力学。

## 问答

**随风听涛：**

现实世界中的物体可以消失，比如生命死亡、意识消失，那组成物质的“原子”“电子”会消失吗？它们有寿命吗？

**万维钢：**

有些基本粒子的寿命非常短暂，几乎是在实验室里刚刚被制造出来就衰变成了别的粒子。比如说自由中子的寿命就只有 15 分钟，会衰变为一个质子、一个反中微子和一个电子。但是质子和电子，目前来说，我们认为它们的寿命是无限长的，没有任何证据说它们会衰变。

不过所有基本粒子都可以通过跟其他粒子的碰撞、碎裂再重新组合成别的粒子。还可以发生正反物质的湮灭，把质量变成能量，也就是光子。比如一个电子可以跟一个正电子（也就是电子的反物质粒子）相遇、湮灭，变成两个光子（图 46）。

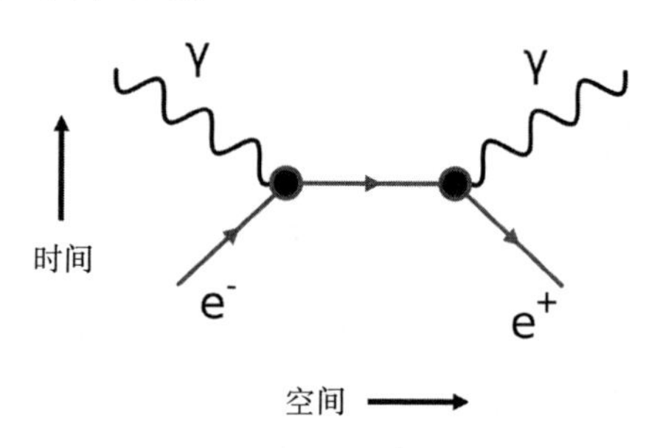


图 46　电子与正电子相遇变为两个光子

但不论如何，基本粒子都不会被凭空彻底抹掉，它们只是转化了——有的转化成了别的粒子，有的转化成了能量。理论上来说，它们的信息永远都不会丢失。

那既然基本粒子不会消失，难道由基本粒子构成的宏观物体就会消失吗？当然也不会。我们只是在实践中没有办法重现它们而已。

# 11. 爱因斯坦的最后一战

量子力学最基本的理论，我们已经讲完了。但是对量子力学本性的探索，现在刚刚开始。咱们先总结一下量子力学的主流观点，也就是玻尔、海森堡、泡利、玻恩这些人主张的“哥本哈根解释”。“哥本哈根解释”并不是一套物理定律，而是一套物理研究的方法论和哲学立场。

第一，量子力学只是关于测量结果的科学，它并不研究测量结果背后的“真相”到底是什么。

我能测量的东西，我能说。对于无法测量的东西，比如电子在无人观察的时候在做什么，电子到底是什么，我不说。我研究的是电子落在测量仪器中的规律。

第二，波函数只是一个描写概率的数学形式，而不是一个物理实在。

第三，既然波函数根本不是物理实在，那也就谈不上“坍缩”。你看到的只不过是测量前和测量后的数学信息变化而已。

第四，波函数就是我们所能知道的全部信息。

第五，为什么日常生活中的东西，没有表现量子力学的这些效应呢？因为宏观现象是众多粒子的集体行为。

总而言之，“哥本哈根解释”认为，搞研究不是为了弄清世界的真相，而是从实用的角度出发，想要抓住一些世界运行的规律。根据这个精神，现有的量子力学理论是一个完整的物理理论。你能知道的已经都知道了，其他的你不必想也不必问。

可以想见，爱因斯坦不喜欢“哥本哈根解释”。爱因斯坦认为搞研究就是为了了解世界的真相，波函数的怪异行为必须有一个解释。为什么电子的落点是不确定的？也许还有一些“隐藏的变量”在控制电子的行为，只不过我们暂时不知道而已。量子力学必须不是一个完整的理论。

这就引出了爱因斯坦和玻尔之间的一场著名论战，也是物理学历史上最重要的一场辩论。

***

1927 年，比利时国王赞助召开了第五届索尔维会议，会议主题正是量子力学。这大概是一次空前绝后的群英会。物理学最耀眼的明星汇聚一堂，爱因斯坦、玻尔、狄拉克、薛定谔、海森堡、泡利、普朗克、玻恩、德布罗意、德拜、居里夫人这些我们提到过的英雄都来了，会议的集体照至今被人津津乐道。

玻恩、海森堡、薛定谔和德布罗意等人做了大会报告，但所有人都知道，真正的大佬是玻尔和爱因斯坦。爱因斯坦在会议前几天保持了沉默，只听报告而不表态。等到会议的后半部分，进入自由讨论环节时，爱因斯坦出招了。

爱因斯坦的招数是他最擅长的思想实验——我们不需要做真实的实验，我给你设想一个局面，咱们推演一下，看看你的理论在这儿有没有矛盾。玻尔积极应战。

就像下棋一样，爱因斯坦在早上提出一个思想实验题目，说这个情景证明了量子力学有问题，玻尔在中午召集海森堡和泡利一起研究，然后在下午就破解了爱因斯坦的招式。第二天爱因斯坦再修改他的题，然后玻尔再破解。两人就这样交锋了好几个回合，围观者看得是如痴如醉。

这场辩论持续了好几年。我来给你讲讲其中最重要的三道题。

要理解这三道题，请你先回顾一下前面讲的“海森堡不确定性原理”。这个原理说，位置和动量的不确定性是可以互相取舍的：你缩小其中一个的不确定性，就会放大另一个的不确定性；你不可能同时精确地知道一个粒子的动量和位置。同样地，你不能同时精确地知道一个系统的能量和时间。不确定性原理并不仅仅是一个实验经验，更是量子力学理论的内在要求。

而爱因斯坦攻击的正是这个不确定性原理。爱因斯坦认为，物理学应该是确定性的理论。

第一题，我们可以简化成一个单缝实验。我们在带有单缝的遮光板上面放一个弹簧，这样遮光板可以在垂直方向上运动（图 47）。当一个电子从缝中穿过的时候，它会在上下方向发生衍射。

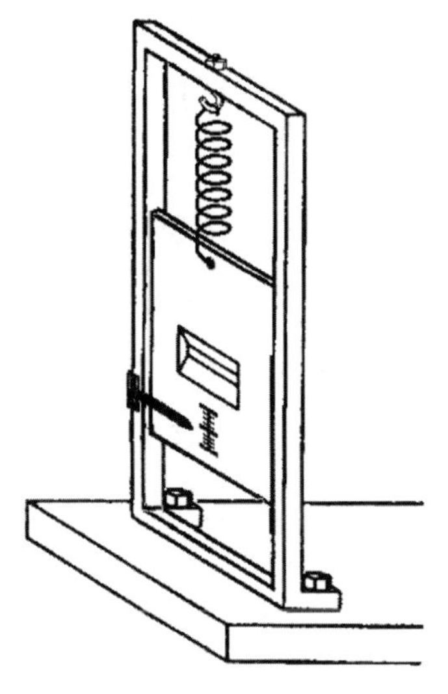

图 47　第一个思想实验的示意图[1]

爱因斯坦说，不管电子怎么衍射，缝总要对此负责吧？假设电子穿过单缝之后往上走，就说明电子获得了往上的动量，那么根据动量守恒定律，遮光板就应该有一个往下的动量，弹簧就应该往下伸展一点点，对吧？反过来，电子往下走，弹簧就应该往上。

请注意，动量 = 质量 × 速度，动量的方向就是速度的方向。动量是满足守恒定律的，道理就如同你用一个台球去打另一个台球，碰撞之后这个台球要是往上弹开，那个台球就会往反方向——也就是往下弹开。

爱因斯坦说，只要我看看弹簧的收缩情况，我不就能反推电子通过单缝时的动量了吗？同时我又知道单缝的位置，那我不就同时知道了电子的位置和动量吗？这不就违反了海森堡不确定性原理吗？

玻尔乍一听，确实有点蒙。但是经过一番讨论和思索，玻尔提出了解释。

玻尔说如果电子这么小的东西都能让弹簧发生一次震动，那这个遮光板和弹簧就应该也算量子系统。既然是量子系统，缝上下运动的动量和缝的位置，就也具有不确定性，所以你不能根据缝的位置和动量去精确测量电子的位置和动量。

在这道题里，爱因斯坦混淆了宏观世界和量子世界。他把宏观世界的规则用在了弹簧和遮光板这个量子系统中，这是错误的。

在 1927 年这次会议上，玻尔就这样比较轻松地破解了爱因斯坦的批评。爱因斯坦意识到了量子力学不是那么容易被推翻的，哥本哈根学派这边则信心暴增。

第五届索尔维会议，让量子力学完成了成神仪式。

但爱因斯坦没有善罢甘休。1930 年的第六届索尔维会议上，爱因斯坦有备而来，一到会场就给了玻尔出其不意的一击。

我们把这一击当作第二题。设想有一个装着光子的盒子，我们称之为“光盒”。光盒中有个钟表（图 48）。爱因斯坦说，你在某个约定的时间点，把光盒打开一个小缝，从中释放出一个光子，然后称一称光盒的重量。

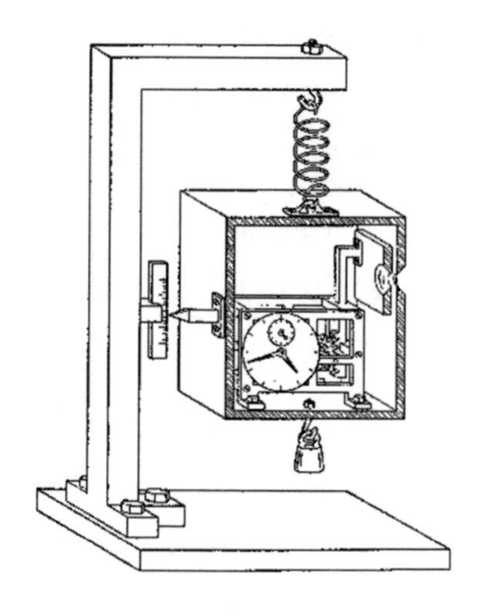

图 48 爱因斯坦光盒[2]

玻尔一听这个实验，当场大惊失色。

光子的“静止质量”是 0，但是光子不会静止，永远在运动。也许光盒的六个面都是镜子，光子在其中跑来跑去。而根据狭义相对论，$E=mc^2$，光子既然有能量，就有一定的“有效质量”，这一盒光子就会表现为一定的重量。一个光子离开光盒，光盒的重量就会发生小小的变化，而我又知道光子离开的精确时间，那我这不就等于同时知道了光盒损失的质量和这件事发生的时间吗？这不就违反了不确定性原理说的那个能量等价于质量和时间的不确定性关系吗?

玻尔找不到反驳的理由。第一天会议结束，在大家一起从会场回旅馆的路上，爱因斯坦非常得意，面带微笑大踏步前进。玻尔则一路小跑，在一旁不停劝爱因斯坦，说你这个实验要是对的，物理学可就完蛋了。

请注意，在这个实验里，你拿一些技术细节去质疑爱因斯坦，比如说光盒释放光子需不需要时间啊之类的，那是不好使的——这是思想实验，我们可以假设一切都是精密运行的，你必须拿出原理性的论证才行。玻尔当晚连夜思考，一直想到凌晨时分终于恍然大悟：爱因斯坦犯了一个巨大的错误。

第二天，玻尔提出了反驳。玻尔说，你要称光盒的重量总得用仪器吧?我可以设想光盒是放在弹簧上，释放一个光子，弹簧会往上收缩一下，对吧?弹簧的高度代表光盒的重量，是吧?好，但是弹簧的高度有一个不确定性，而这就代表了光盒重量的不确定性。此外，根据你爱因斯坦的广义相对论，重力场里不同高度上的时钟是不一样的，叫“引力红移”，越高的地方时间过得越快，对吧？所以高度的不确定性也代表光盒时间的不确定性。所以质量和时间都有不确定性，咱们算一算，正好满足海森堡的理论！

在这道题里，爱因斯坦没有考虑到时钟显示时间的不确定性，他默认了时间是确定的。他的错误在于忘记了自己的广义相对论。

玻尔用爱因斯坦的广义相对论反驳了爱因斯坦，剧情逆转。爱因斯坦承认玻尔这一轮又赢了。

这两轮辩论之后，欧洲政治局势每况愈下，爱因斯坦在 1933 年移居美国，加入了普林斯顿高等研究院。他跟欧洲的交流越来越少，逐渐脱离了主流的物理圈，成了一个孤独的抗争者。

但是在 1935 年，爱因斯坦发起了最后一击。他和两个同事合写了一篇论文，又提出了一个思想实验，也就是我们说的第三题。按照三人名字的首字母，人们把这个实验称为“EPR 佯谬”。

简单来说[3]，A 和 B 两个全同粒子，本来是在一起的，后来可能因为原子核衰变或者其他什么原因，分开了，然后沿着直线各自往相反的方向飞（图 49）。

根据动量守恒定律，A 和 B 的动量必定互为相反数，而且 A 走多远，B 必然也走多远。

那我测量一下 A 粒子的位置是 $x$，不就同时知道 B 粒子的位置是 $-x$ 了吗？我再测量一下 B 的动量是 $-p$，不就知道 A 的动量是 $p$ 了吗？我对每个粒子都只测量了一次。海森堡不确定性原理说测量 A 的位置就会破坏 A 的动量，但是我没有破坏 B 的动量；我测 B 的动量时也没有破坏 A 的位置。可是现在我同时知道了每个粒子的动量和位置，这怎么算呢？

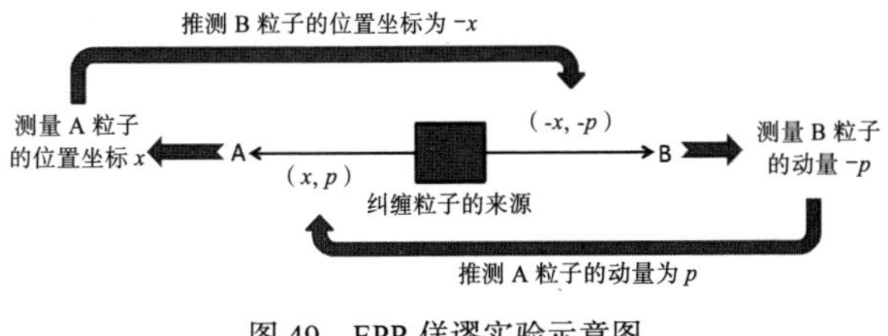


图 49　EPR 佯谬实验示意图

这篇论文立即让玻尔阵营乱了阵脚，玻尔写了论文也发表了讲话，但是这一次反驳的效果不是很理想。爱因斯坦说的两次测量好像都是合法的，不确定性原理似乎失效了。

综合而论，玻尔阵营最后的反驳意见是这样的——A 和 B 两个粒子应该被视为同一个量子系统，用一个波函数描写。你测量 A 的位置，就等于也测量了 B 的位置——也就等于扩大了 B 的动量不确定性。你再测 B 的时候，B 的动量已经不是以前的动量了。所以你还是不能同时知道两个粒子的“真实”动量。

但是这一回爱因斯坦不买账了。爱因斯坦说我这两个粒子可以距离几光年远，如果测量 A 的位置马上就能破坏 B 的动量，这难道不是一种鬼魅般的超距作用（spooky action at a distance）吗？对此玻尔等人无言以对。

这一局，爱因斯坦没有犯任何错误。爱因斯坦成功地论述了，不确定性原理要想成立，量子系统中就必须包含鬼魅般的超距作用——而这一点是物理学家难以接受的。玻尔唯一的合理反驳就是量子系统真的存在鬼魅般的超距作用。

鬼魅般的超距作用，从此成了量子力学的命门。

***

不过这场争论并没有继续下去。不管爱因斯坦承认不承认，量子力学都是非常成功的理论。费曼曾经举过一个例子[4]，说电子的磁矩，用量子电动力学进行纯理论计算的结果是1.00115965246，实验测量的结果是1.00115965221，两者在小数点后第十位才开始不一样——这个精度有多高呢？相当于计算洛杉矶到纽约的距离，误差只有一根头发丝的直径尺寸那么小。

此后三十年间，尽管物理学家不理解那个“鬼魅般的超距作用”，基本粒子物理学照样突飞猛进。谁还会关心爱因斯坦的质疑呢？

1955年，爱因斯坦孤独地去世了。

但玻尔并没有忘记那些辩论。1962年，玻尔去世。在他去世前一天用过的黑板上，人们发现一个图形。

那正是爱因斯坦光盒。

其实爱因斯坦和玻尔的辩论都是非常友好的，爱因斯坦完全不否认哥本哈根学派的贡献。第六届索维尔会议后的一年，爱因斯坦还特地向诺贝尔奖委员会推荐了海森堡和薛定谔，让他们拿到了诺贝尔物理学奖。

量子力学基础理论的介绍到此告一段落，本书的后半部分我们来讲三十年后的新进展，讲那个“鬼魅般的超距作用”。

**齐悦然：**

量子力学的研究过程中有这么多位英雄，而在听相对论的课程时我感觉只是爱因斯坦一个人在研究，请问相对论的研究过程中还有其他英雄吗？

**万维钢：**

没错，相对论基本上是爱因斯坦一个人的功劳。就狭义相对论而言，其中用到的一个关键数学是如果假定光速不变，坐标系应该如何变换——这个方法叫作“洛伦兹变换”，是数学家洛伦兹最先做出来的。但是洛伦兹就好像普朗克一样，只看到了数学，而没有看到这么做的物理意义，把画龙点睛的功劳留给了爱因斯坦。

用爱因斯坦自己的话说，就算没有他，别的物理学家迟早也会发现狭义相对论。这可能是因为当时已经有实验证明光速不变，人们一旦接受这个事实，剩下的都很简单。

但是爱因斯坦认为，如果没有他，恐怕不会有人发明广义相对论。这可能是因为广义相对论纯粹是爱因斯坦自己认准了“等效原理”，非得说引力场和加速运动是一样的，完全是出于数学和哲学的要求，强行推导的理论。当时并没有任何实验说有哪里不对，我们需要广义相对论。广义相对论那个效应太难测量了。是后来非常幸运地正好赶上日全食，才得到第一个验证。

**Marco:**

您觉得到最后我们会不会发现，现在的量子力学被证实是某个新理论在特定情况下的解，就像当年牛顿力学之于相对论那样？

**万维钢:**

这正是爱因斯坦所期待的。也许将来有个新理论能解释量子力学中的不确定性，比如说有一些“隐变量”决定了电子的精确落点，而那些变量是我们根本就没想到、没有测量到的。

也只有假设存在这样的理论，才能说明波函数为什么会无缘无故地“坍缩”在这里而不是那里。如果终究没有这样的理论，那波函数就真的不是一个物理实在，就永远都是一个怪异的、不可完整想象的东西。

但是，隐变量理论不能解释量子力学的一

切怪异。EPR 佯谬实验中两个距离很远的粒子之间那个“鬼魅般的超距作用”，也就是我们后面要讲的“量子纠缠”，就不是任何隐变量理论能解释得了的。不管什么理论都得接受，量子力学是一个“非本地化”的东西，有一些不需要花费时间的超远距离协调。

# 12. 世界是真实的还是虚拟的

现在我们进入量子力学的下半场。我们要使用一些更现代的手段和更多的思辨，来深入探索量子世界的本质。我们会讲一些精妙的实验，我会尽我所能去除这些实验的技术细节，帮你直达其中的思想，但是我希望你也要多开动脑筋。这些都是值得的。在量子力学上花费过脑力，你就没辜负你的大脑和这个时代。

探索世界通常意味着要学习更多、更复杂的知识。比如说，核武器和核电站是怎么回事？核聚变又是怎么回事？基本粒子都有哪些？它们的分类和性质都是怎样的？就好像玩游戏打开新的地图一样，内容越来越丰富，每一关都有更多新的宝藏。量子力学的上半场就是这样的：我们从一朵乌云出发，竟然解释了世间万物为什么是这个样子。

但是因为上半场的量子力学带来了一些让人寝食难安的结论，我们下半场换一个打法——这回不是打开新地图了，而是破案：我们要往深处走，看看能不能挖掘出来其中的秘密。

这个探索方向有点哲学味道，我们要问一个古今中外的思想家都追问过的问题——这个世界是真实的吗？

我们设想你现在是刚刚穿越到地球。你睁开眼看了看周围的一切，图像和声音都很清晰，各种物体都有丰富的触感，还有人跟你互动……但是你仍然想问一个问题：这到底是真实存在的世界，还是我在做梦呢？

可能有人觉得这个问题有点怪，真实世界和梦里的或者游戏里的虚拟世界有区别吗？有区别。别的区别我不知道，但我知道一点关键区别。

真实世界，是客观的存在；虚拟世界，则是为了你而存在。

比如说月亮。真实世界里的月亮，哪怕是在白天你看不到它的时候，它也是真真实实地存在着。它该怎么运动还怎么运动，它上面的每一粒灰尘都得一丝不苟，对吧？但虚拟世界就不是这样。游戏只会渲染你屏幕上显示的场景。游戏里有一片森林，如果此时此刻没有玩家在那个森林里，系统就不会制造那个森林的视觉效果，更不会费力去模拟什么一片树叶被风吹落这样的场景。虚拟世界里的月亮，当没有人看它的时候，它就不存在——或者至少也是跟有人看的时候不一样的存在，对吧？

事实上你完全可以怀疑眼前这个世界就是虚拟的。王阳明不是有句话吗？“你未看此花时，此花与汝心同归于寂。你来看此花时，则此花颜色一时明白起来。”你看这像不像说花是游戏为了你而临时渲染出来的？叔本华说整个宇宙都可能是“婆楼那神”施展幻术制造的一个假象，是“摩耶之幕”。

笛卡儿也怀疑，如果“我”没在思考、走神儿了或者睡着了的时候，那个“我”可能就不存在。这些都很有道理，不过这些思想家的弱点在于，他们这些假设都是不可证伪的，你信也行，不信也行，总归是没有证据。

而现在我要说的是，量子力学给这个问题提供了新的视角——量子力学是可以证伪的。

我们想象这么一个场景[1]。你找两枚一元硬币，一枚是 2019 年、另一枚是 2020 年制造的，它们除了身上写的年份不同，其他都完全相同。你把两手虚握在一起，把两枚硬币放在手心里摇几下，然后分开，两手各握紧一枚硬币。

现在请你闭上眼睛想想，接下来发生的到底是什么。

你本来不知道哪只手拿的是哪枚硬币。你打开左手，发现左手中是 2019 年的硬币，于是你马上就知道，右手中必定是 2020 年的硬币。

这件事很平常，但是它可以有两种解释。

第一种解释是当你的左右手分开之后，在你打开左手查看之前，哪个硬币在哪只手里这个结果就已经确定了。你后来看到左手里是2019年的硬币，只不过是因为你左手里本来就是2019年的硬币——这个结果跟你“看”这个动作没关系。如果事情是这样的，我们就可以说，这个世界是个“客观实在”，这也就是我们的“经典”世界观。

第二种解释则是量子世界观。也许当你的左右手分开之后，在你打开左手查看之前，哪个硬币在哪只手里是……尚未确定的。是你打开左手的同时，左手的硬币才瞬间变成了2019年的硬币。然后它瞬间发通知给右手的硬币，说我这边已经变2019年了啊，你那边再亮相只能是2020年的！右手的硬币得知这一消息，表示遵从，所以当你再打开右手的时候，里面一定是2020年的硬币。

你看这个量子世界观是不是给人一种强烈的虚拟感？跟经典世界观相比，它的怪异之处有两点。

第一，硬币的年份，这个属性，是因为你的观测才被临时确定的。在你打开左手查看之前，不仅仅是你不知道它的年份，而是它根本就没有“年份”这个属性。

第二，左手硬币确定自己年份属性的一刹那，竟然给右手硬币传递了一个消息，而且右手硬币瞬间就接收到了并且采取了行动。

这可能吗？硬币那么大的东西的确不太可能是这样的。但是我们将要证明，微观世界里的东西，比如光子和电子，就是这样的。

我们前面讲了，量子力学认为，一个电子必须同时通过两条缝，自己跟自己发生干涉，才能在屏幕上产生干涉条纹。这意味着在你测量之前，电子的位置是个“叠加态”：没被观测的电子根本就没有明确的“位置”，是你后来非要观测它的位置，才给它观测出来一个位置。同样地，电子原本没有自旋，是你非得沿着某一个方向测量，才给电子测量出来一个这个方向上的自旋。

而测量的结果则是完全不确定的。为什么这个电子落在了屏幕上的这个地方而不是别的地方？为什么这次的自旋是向上的？没有原因。两个铀原子摆在你面前，5 分钟后其中一个衰变了，另一个没有衰变，这是为啥呢？量子力学认为其中没有任何原因，这是一个纯粹的随机事件。

但是经典世界观的支持者可不这么想。爱因斯坦会告诉你，两个原子之所以一个衰变了一个没衰变，是因为它们身上存在某种不一样的地方，是你所不知道的。电子的自旋也好，电子古怪的干涉行为也好，背后都有一些更细微的、隐藏的因素在起作用。就好像天气预报说“明天下雨的概率是30%”，这并不是说下不下雨是完全随机的，只不过是因为我们搜集的信息和技术手段不够全面：如果你像上帝一样是全知全能的，你了解所有的相关因素，那你完全可以准确预测明天是否下雨。

这就是所谓的“隐变量”观点。隐变量观点认为电子跟日常生活中的物体是一样的，它的位置、动量、自旋这些特性可以根据某些隐藏的变量随时变化，但是一直都明确存在：只是因为你没有抓住那些隐变量，你才以为结果是随机的。爱因斯坦有句名言：“你真的以为没人看的时候月亮就不存在吗？”[2]

这两种世界观的直接碰撞，就是我们上一节说的，1935 年，爱因斯坦和玻尔在最后一次论战中提出的那个“EPR 佯谬”。我再用最简单的语言把这个佯谬给你捋一遍。比如我们把两个原本在一起、相互关联的电子分开，一个往南走，一个往北走。它们一开始的总角动量是0。当它们的距离已经很远的时候，你测量一下南边这个电子的自旋，得到了自旋向下的结果。那么根据角动量守恒定律，北边的电子自旋一定是向上的。

这就跟我们刚才说的两枚硬币的操作是一样的。对这件事可以有两种解释。

量子力学的解释是南边的电子本来没有自旋，是你测量这个动作，随机地给它带来了向上的自旋，于是北边的电子瞬间获得了确定向下的自旋。

爱因斯坦认为这不可能。两个电子相隔这么远，怎么能这边变了那边马上就变呢？一个东西怎么能一瞬间就影响到千里之外——甚至无穷远之外的另一个东西呢？这不是“鬼魅般的超距作用”吗？

所以爱因斯坦的解释是这一切就好像猜硬币一样平常。两个电子一直都有自旋，根据某种隐变量，有时候这个向上那个向下，有时候这个向下那个向上，因为本来就一起变化，所以根本就无须协调。你以为你是碰巧才观测到了向上的结果，那只是因为你不了解隐变量。

这场争论当时悬而未决。两个解释好像都说得过去，人们想不到有什么办法能做实验证明。“鬼魅般的超距作用”，就好像非得说世界是虚幻的一样，似乎是一个难以证伪的理论……

直到将近三十年后，才有人提出了一个证明方法。

约翰·斯图尔特·贝尔（John Stewart Bell）1928 年出生于爱尔兰，爱因斯坦提出 EPR 佯谬的时候他才七岁。贝尔是欧洲核子中心的理论物理学家，主业是加速器设计。贝尔一直都对量子力学感兴趣，但是他不好意思跟人说[3]。

为什么呢？因为在贝尔的当打之年，量子力学已经不是物理学的主流课题了。几十年来又是第二次世界大战又是美苏冷战，原子弹让各国政府见识了物理学的威力，物理学家们一个个都非常受追捧，拿着越来越多的经费不断开辟新地图，一边用加速器撞出了各种新的物理学，一边用激光和半导体创造了各种值钱的应用。跟那些课题相比，量子力学显得又老气又小儿科。

也许更重要的是，早在爱因斯坦发动最后一击之前的 1932 年，冯·诺依曼就出了一本书叫《量子力学的数学基础》（*Mathematische Grundlagen der Quantenmechanik*），宣称从数学上严格证明了量子力学是对的，隐变量理论是错的。冯·诺依曼是什么人？那是大神中的大神，天才中的天才，聪明，勤奋，几乎无所不能而且风格优雅。据说冯·诺依曼博士学位论文答辩的时候，因为穿着实在太讲究，有的老师居然忍不住打听他的裁缝是谁。冯·诺依曼说量子力学是个完整的理论，别的物理学家就认为问题已经解决了。

贝尔只是一个出身贫困家庭的普通人，据说曾经因为交不起大学学费在物理系当过技术员，还得教授们借书给他看。他想问题很深，平时是个很安静的人，但是有时候喜欢跟人辩论。他在量子力学课堂上曾经直接说老师不诚实。贝尔发现冯·诺依曼的书里有个关键错误。他说："冯·诺依曼的证明不仅是虚假的，而且是愚蠢的！"[4] 贝尔认为，必须验证 EPR 佯谬才算真正证明了量子力学。

1964 年，贝尔在休假时写了一篇论文，提出了验证 EPR 佯谬的方法。他甚至不敢把论文发到主流的物理期刊，特意发到了一本不太著名的期刊上。

可这篇论文还是被很多人看到了，但是并没有产生石破天惊的效果。直到八年之后，才有人做实验证实了贝尔的理论，但即便是这样它也没成为热门话题。大概在 20 世纪 90 年代以后，主流物理学突破的速度越来越慢，物理学家的兴趣开始分散，人们才重新对量子力学产生兴趣。今天任何一本讲量子力学的书都要提到贝尔那个证明。

贝尔从来没跟人说过他是怎么想到那个证明的。那真是一个巧夺天工的证明。

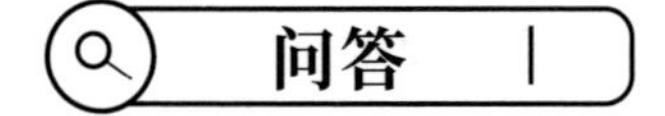


**小溪日记：**

正在学得到 App 里的“概率论”课程，里面有段话：一座城市，哪些家庭今天会要孩子，婴儿会在哪一刻诞生，这些都是随机的，但是从整体上来看，这座城市的出生率、每年新生儿的数量，却是大致确定的。

我在想，在微观世界中，电子运动是随机的，不确定的，但是在我们眼睛能看到的世界中，整体上运动的结果是大致确定的。我这么想对吗？

**氦人听闻：**

许多微观世界的量子效应到了宏观世界就消失了，但是微观和宏观又没有一个明确的界线。对于量子力学在宏观世界中的“走样”，万老师您个人是怎样理解的？

**long:**

经典力学适用于宏观世界，量子力学适用于微观世界。宏观与微观，界面划分在哪？在过渡地带，是不是两种特性都有？

**万维钢：**

量子力学中每一个具体的微观观测结果都

是不确定的，但是事件发生的概率是绝对精确的。波函数绝对值的平方代表概率，波函数带给我们精确的概率。

这个精确概率相当于一种“完美硬币”：这种硬币每次抛出之后，得到正面的概率正好是 $\frac{1}{2}$。如果尝试的次数少，完美硬币并不代表完美结果。哪怕是个完美硬币，我们也有比如说 0.09765625%（$0.5^{10}$）的可能性，连抛 10 次都正面向上。如果你有 10 个完美硬币，那么也存在 0.09765625% 的可能性，你同时抛出它们得到的结果是全部正面向上。

但是如果你使用的硬币足够多，出现那种极端情况的可能性就会足够少——你的结果会越来越接近硬币的内在概率。如果你抛出 100 万个完美硬币，你会相当准确地得到几乎 50 万个正面和 50 万个反面。你得到小于 49 万个正面的可能性是非常非常小的。这就叫“大数定律”。

人口出生率跟量子力学不同的地方在于它不是一个绝对精确的概率，但是它的变化很慢，就好像是一个固定概率一样。那么只要一个城市的人口足够多，每年出生多少个婴儿还是大致确定的。当然，正因为出生率会有变化，人口数字其实是在波动的。管理 500 万个人比管理 500 万个原子难多了。

那人难道不也是由原子组成的吗？人跟原子又有什么本质区别呢？区别就在于数量。一个体重 70 千克的人身上大约有 $7\times10^{27}$ 个原子。这个数量可能不太容易形成直观印象，我再给你换个说法：人体的一个细胞，大约是由 $10^{14}$ 个原子组成的。咱们就当中国有 10 亿人，相当于 $10^{9}$，这意味着，你身上的一个细胞，就对应着大约 10 万个中国那么多的人口的数量的原子。

在这种数量尺度上，我们完全可以认为原子是精确可控的。我们不必认为一个人“既在这里又在那里”，也不必考虑细胞的“波粒二象性”。

从微观到宏观并没有一个清晰的界限，区别仅仅是发生量子事件的可能性越来越小而已。原则上，人，也具有波动性，人可以穿墙而过——只不过那个概率太小了。

# 13. 鬼魅般的超距作用

上一节我们提到，贝尔证明了量子力学中存在“鬼魅般的超距作用”，他用的方法是一个不等式。贝尔还设想了一个实验，但是直接介绍实验有点复杂，我们把它简化为一个故事[1]。

这是一个有点烧脑的故事，但是不需要任何专业知识，只需要一点小学生的算术基础。

故事是这样的。你和我，咱俩做三个实验。

假设现在有一台机器，每隔 10 秒钟就同时往两个相反的方向发射乒乓球，一个乒乓球往东，另一个乒乓球往西。乒乓球的颜色可以是红色也可以是蓝色，但是具体是红色还是蓝色，每次发出来都不一定。假设乒乓球可以平稳但高速地飞行很远。

我在东边，你在西边，各自接收飞过来的乒乓球，咱俩的任务就是观察和记录自己收到的乒乓球的颜色。咱俩的距离很远，互相并不直接通信。每隔 10 秒钟，我们就记下一个乒乓球的颜色。

我们想知道这台机器发射乒乓球的规律。为此，我们要做三个实验。

第一个实验非常简单，我们约定一个比较长的时间段，在这个时间段里各自按顺序做一份收到的乒乓球颜色的记录，然后把两份记录进行比较。

比如我收到的记录是“红色 - 红色 - 蓝色 - 红色 - 蓝色 - 蓝色……”，你的记录也是“红色 - 红色 - 蓝色 - 红色 - 蓝色 - 蓝色……”，两份记录完全相同。

由此我们得出一个结论：这台机器每次向两个方向发射的乒乓球颜色都是相同的。

你看，简单吧？这似乎是一台忠厚老实的机器，虽然每次发射球的颜色可以变化，但是同时发出的两个球颜色总是一样的，兢兢业业，童叟无欺。

好的。

第二个实验，现在我戴了一个墨镜再观察我接收到的乒乓球，而你还是和以前一样不戴墨镜观测。

观测一段时间再比较咱俩的颜色记录，发现咱俩的记录在大部分时间内还是相同的，可是有 1% 的记录中，我们接收到的球颜色不同。

那是不是我粗心大意记错了呢？咱们把这个实验再做一遍，这回换你戴墨镜，我不戴。结果发现，还是有 1% 的颜色记录对不上。

那么我们得出结论，肯定是这个墨镜有问题。墨镜，有正好 1% 的概率，会“看错”乒乓球的颜色。

注意，墨镜这个出错率是固定的。你做 1 万次实验，它出错 100 次。你做 10 万次实验，它出错 1000 次——什么时候出错可能不一定，但是长期来看，它的输出很稳定，总是 1% 的出错率。墨镜，也是不会“提高自我”的一台机器。

没问题。

在第三个实验中，咱俩都戴着墨镜观测。

在介绍实验结果之前，我想先问你一道小学数学题 —— 请问如果咱俩都戴着一个出错率是 1% 的墨镜，那么咱俩的观测记录中，最多会有百分之几的乒乓球颜色是对不上的？

看到这里，你可以放下手中的书，思考两分钟。

欢迎回来。上面这道小学生数学题的答案，当然是 2%。

我的墨镜犯 1% 的错误，你的墨镜犯 1% 的错误，如果咱俩不同时犯错，那总的错误数就正好是 2%；如果咱俩在某些时候正好都错了，那负负得正，咱俩那一次的结果还是一样，总的错误就会少于 2%。总而言之，两个人都戴墨镜，两个人颜色记录的差异应该是最多 2%。

但实验结果不是 2%，而是 4%！

我第一次听说这个实验的时候，做梦都在思考。现在我再帮你捋一遍——发球的机器只是一台机器，它每次发两个颜色一样的乒乓球；墨镜也只是一台机器，它有个 1% 的固定出错率。那怎么两个人都戴上墨镜后，出错率就变成 4% 了呢？到底是哪里出的问题？

一种可能性，是发球机器有问题。也许这个机器“意识到了”咱俩都戴着墨镜，就故意给我们发射颜色不同的乒乓球。这个想法非常奇怪，但是可以验证——我们可以等到机器发出乒乓球之后再戴上墨镜——实验结果是出错率依然是 4%。看来发球机器没问题，它只是一台机器。墨镜也只是个简单的测量仪器，我们已经各自单独戴墨镜验证过，非常稳定，没有问题。

那就只剩下一种可能性——福尔摩斯说过，排除其他所有可能性，最后剩下的这个可能性，哪怕再怪，也是唯一的可能性。

这个唯一的可能性就是，乒乓球刚刚离开发球机的时候，是没有固定颜色的。是我们看到乒乓球的一瞬间，它才有了一个颜色。

之所以出错率不是 2% 而是 4%，是因为在被我们看到之前的那一瞬间，两个乒乓球之间有过一次“协调”。

我这边的乒乓球对你那边的乒乓球说："万维钢戴墨镜了！你那边的人戴墨镜了没有？""戴了是吧？那咱俩这次不能按以前的规则着色了，得按4%的规则着色！"

这个诡异的、超远距离的协调，就是爱因斯坦说的那个"鬼魅般的超距作用"。

所谓乒乓球，在真实的物理实验里可以是电子、光子或者别的什么粒子。拿电子来说，所谓乒乓球的颜色，其实就是电子的自旋。物理学家很容易在实验室里制备这样的电子对，并且让它们的"总自旋"是0，那么根据角动量守恒定律，一个自旋是正的，另一个自旋就必须是负的。这就等于说每次发出的两个乒乓球颜色必须是不一样的——我们前文说必须一样，是为了行文方便，道理还是这个道理。

所谓戴墨镜让观测发生1%的出错率，在真实实验里，其实是如果你测量两个电子自旋的时候不在同一个空间角度，那么测量结果就不是正好相关的。

这个实验证明了两点——

1. 粒子的某个“属性”，比如电子的自旋，的确是在被观测的那一刹那才确定的[2]；

2. 两个粒子之间存在一个超远距离的瞬间协调。

贝尔在1964年提出了实验的理论设想，其中关键的结论就是两端测量结果的符合度要满足像“4% > 1% + 1%”这样的一个不等式。满足了，量子力学就是对的；不满足，爱因斯坦就是对的。

1972年，美国物理学家约翰·克劳泽（John Clauser）用光子做成了这个实验，证明贝尔不等式成立。但是这个结论实在太怪异了，所以有人提出了两个不同于量子力学，但是同样很怪异的可能性：有没有可能两个光子之间的确有协调，但是那个协调速度并没有超光速呢？有没有可能光子之间其实还是没协调，但是光子的发射装置不知道为什么突然“活了”：它注意到了两边测量仪器的调整，所以选择发出了不一样的光子呢？

1982年，法国物理学家阿兰·阿斯佩（Alain Aspect）堵上了这两个漏洞。他的实验装置距离足够远，他的时间测量精度足够高，以至于他能够证明，两个光子之间的协调速度，至少要大于光速的两倍。这是绝对的超距作用！同时阿斯佩还发明了让两端的探测器快速地、随机地改变角度的方法，以至于很多时候探测器是在光子已经发出之后才做出调整——这相当于咱俩等到乒乓球已经离开了中间的发射装置，才临时决定戴不戴墨镜——结果仍然有同样的协调。这就证明了协调只可能是两个光子之间的，而不是中间那个发射装置在捣什么鬼。

后来还有更多的实验用更严格的方法证明了贝尔不等式。“鬼魅般的超距作用”，是真的。

***

那我们怎么理解这件事呢？首先我必须说明，“鬼魅般的超距作用”虽然是真的，但是这并不违反爱因斯坦的相对论：因为你不能用这个方法传递信息。这是因为我没有办法控制我观测到的电子自旋。当我观测到一个电子是正自旋的时候，我知道你观测到的电子一定是负自旋，但是仅此而已——我的观测结果是随机的，我不能想让它是正的它就是正的，我没法通过给信息编码去给你传递一句话[3]。

但是两个粒子之间的确存在这么一个超远距离的瞬时协调。玻尔一派对此的解释是，那两个粒子不管距离多远，都是一个整体，只能用同一个波函数描写。你的测量是在跟这个整体打交道，所以不算超距作用。但是这番解释听起来很像诡辩的话术：难道作为整体的两个粒子就不是一南一北的两个粒子了吗？所以薛定谔略带嘲讽地说，那两个粒子是“纠缠”在了一起。

后世的人们就把这个鬼魅般的相互作用叫作“量子纠缠”。

量子纠缠说明波函数是一种超越空间的存在。波函数似乎有一种神奇的感知能力，能随时知道空间各处的事情。

这使得有些哲学家怀疑整个宇宙是一个整体，冥冥之中一切事物互相之间都一直是有联系的，你采取任何一个行动都会立即影响到其他所有的事物[4]。另一个思路，则是怀疑世界到底是不是一个客观真实的存在。

## 问答

**大宝:**

为什么乒乓球约定是4%的不同着色率?不能是其他的值吗?比如6%、8%、10%或者5%、7%、9%?

**万维钢:**

4%是一个随意选择的数字，它只是为了说明比 1%+1% = 2% 大。真实实验中的贝尔不等式涉及三角函数，讲起来不太方便。但是你可以看看图50，这个图是精确的。

图中横坐标是两个探测器之间的相差角度，相当于我们两个人戴的眼镜；纵坐标是两个观测者观测到结果的相关性，对应“出错”的情况。实线代表如果这两个粒子之间没有远距离协调，它们共同出的“错”，最多能有多少；虚线代表实际上共同的出“错”。虚线的绝对值大于实线的绝对值，所以两个粒子之间必定有个协调。

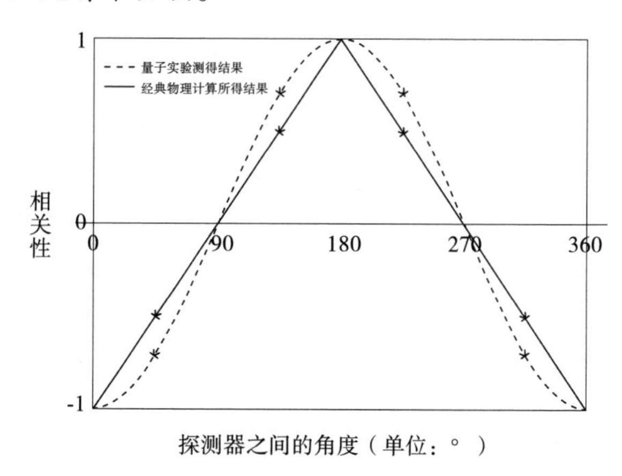


图 50 远距离协调与观测结果的相关性

**Java S. Li:**

狭义相对论中不是说不同空间坐标上两点的同时性也是相对的吗？量子纠缠中说的同时是哪个同时？

**万维钢:**

问得好。“同时”是个笼统的说法，大致相当于对于地面上的人的坐标系来说，一次观测使得两个粒子同时改变了状态。那么如果考虑到狭义相对论，严格的说法是，这两个粒子状态改变的时间间隔相对于它们的距离来说是非常小的。

通过相对论可以知道，不管坐标系怎么变，“事件”是绝对的，发生了就是发生了，没发生就是没发生。我们设定，对第一个粒子进行测量并且使它获得明确的自旋，这个事儿叫作事件 A；第二个粒子获得明确的自旋，这个事儿叫作事件 B。关于量子纠缠笼统的说法，就是 A 和 B 是同时发生的。

在相对论里，有个跟坐标系无关的不变量，叫作“间隔”。不管你用的是什么坐标系，事件 A 和 B 的间隔 d，总是不变的。

量子纠缠说的这种超距离协调，相当于一个 $d^2 < 0$ 的间隔。这叫“类空间隔”：也就是说两个粒子的距离已经如此之远，以至于它们之间哪怕用光速传递消息，也不可能产生因果联系。A 和 B 本来应该是互相独立的事件。

然而贝尔不等式的实验恰恰说明，A 和 B 不是独立事件，它们有协调！

# 14. 波函数什么都知道

通过量子纠缠，我们知道了微观事物的某些属性是在观测的那一瞬间才确定的，这使得我们有点怀疑世界的客观性。我们还有一个推测，波函数似乎有一种超越空间的感知能力。咱们先放下世界的客观性不讨论，用一个实验进一步看看波函数的感知能力。

你不需要非凡的智力就能理解这个量子力学实验，但是你需要足够的思考和耐心，才能体会到其中的妙处。我保证这个实验绝对精彩。

咱们设想有这么一颗无比敏感的炸弹。任何东西，哪怕是一个光子打在它身上，它也会立即爆炸。古龙小说里的人物经常吹牛，说我有这么一个神秘的武器，除了我没有人见过它的样子——因为所有见过它的人都被它杀死了。我们说的这个炸弹就有这个性质。要看到它，就至少要让它接触一个光子——可是只要接触一个光子它就会爆炸。那有没有什么办法在不引爆这颗炸弹的情况下，探测到它的存在呢?

量子力学有办法。这个实验叫“伊利泽 - 威德曼炸弹测试（Elitzur-Vaidman bomb tester）”，一开始是阿舍朗·伊利泽（Avshalom Elitzur）和列夫·威德曼（Lev Vaidman）这两个物理学家在 1993 年提出的一个思想实验，结果 1994 年就被人给做成了，当然用的不是真的炸弹。这是一个实实在在的、不需要发生任何相互作用的探测。

经典物理学无论如何都不会允许这种事情，这是波函数的超能力。

***

我先给你介绍一个新仪器，叫“马赫 - 曾德尔干涉仪（Mach-Zehnder interferometer，MZI）”。它的结构非常简单，由一个光源、两个分束器、两面镜子和两个探测器组成，如图 51 所示。

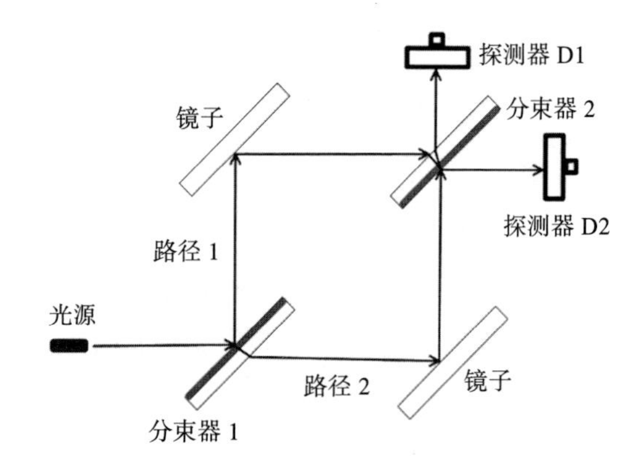


图 51　马赫 - 曾德尔干涉仪结构示意图[1]

我们前面讲过分束器。分束器就是一块单面镀着一层银的厚玻璃，它在这里的作用是把一束入射的光线分成相等的两束，一束反射、一束透射。

咱们先说经典物理学的场景。

干涉仪左下角的光源发出一道光线，被第一

个分束器平分成两个光束，一个往上走（路径 1），一个往右走（路径 2）。两束光分别被镜子反射，又在第二个分束器汇合。把路线都调成精确的直角，第二个分束器再分出来的四条光线就会两两重合，还是变成两条光线，各自走向一个探测器。这就是整个干涉仪的结构，简单吧？

好，如果你用的不是普通光线，而是非常纯净的、有一个单一精确频率的激光，有意思的事情就发生了：探测器 D1 将会接收不到光线，所有的光都走向了 D2。如图 52 所示。

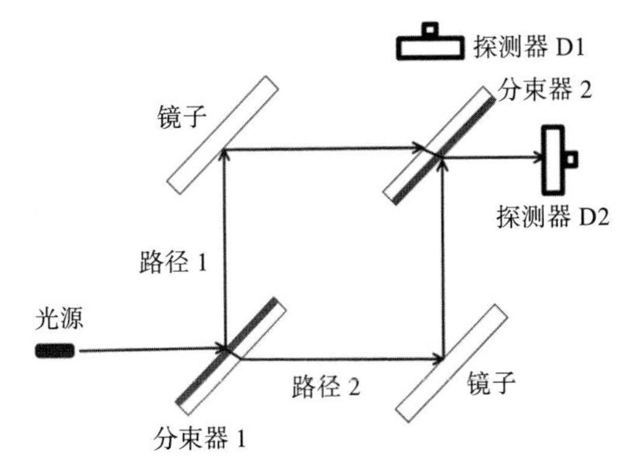


图 52　有单一精确频率的激光经过马赫 - 曾德尔干涉仪的路径[2]

这是为什么呢？我们需要一个简单的光学知识——相位。作为一种波，光在路上会有周期变化的波峰和波谷，相位就是波峰和波谷的位置。光线每一次被镜子或者分束器的外表面反射，相位都会增加半个波长；每一次在分束器内透射，或者被分束器的内表面反射，都不会改变相位。

考虑到相位的变化，从路径 1 分出来通往 D1 的光束的相位，和从路径 2 分出来通往 D1 的光束的相位正好差半个波长，因此会发生相消干涉，都没有了！而通往 D2 的两束光相位相同，正好合并成原来的那一束光。

总而言之，对图 51 中这个马赫 - 曾德尔干涉仪来说，只要一切都弄得很精确，结果就应该像图 52 那样，只有探测器 D2 能接收到光。

对实验物理学家来说，马赫 - 曾德尔干涉仪相当于升级版的杨氏双缝实验。双缝实验里两条缝出来的两束光在屏幕上的不同位置会有不一样的相位差，显得有点乱；有了这个干涉仪，物理学家就可以在光的路径上随意改变相位，想要什么样的干涉就有什么干涉，路径简单，结果干净。

现在我们用量子力学的视角再看一遍这个干涉实验。物理学家有办法每次只向干涉仪发射一个光子。你想想这会是什么情形。

分束器并不能把单个光子一分两半。单个光子遇到分束器，总是有一半的可能性反射，一半的可能性透射，它的波函数也会获得相应的相位。所以光子遇到第一个分束器会有 50% 的可能性走路径 1，50% 的可能性走路径 2；遇到第二个分束器又有 50% 的可能性前往探测器 D1，50% 的可能性前往探测器 D2。累积的结果是，如果你一个一个地往干涉仪送入 1 万个光子，D1 和 D2 应该各自接收到 5000 个，对吗？

当然不对。哪怕我们一次只发射一个光子，也是 D1 接收不到光子，D2 接收到所有的光子。这是因为光子会同时走过两条路径，在第二个分束器上自己和自己发生干涉。

这个结果和经典物理学一样，但是经典物理学只考虑了光的波动性。现在考虑到光的粒子性，我们就必须发明“同时走过两条路径”“自己和自己发生干涉”这样的话才能把道理讲通。可是这种话说着简单，其实非常含糊。干涉仪这种装置能让我们看得更清楚一些。

我们考虑最初从左下角光源出发的一个光子，假设它是简单的、天真的、无辜的。光子遇到第一个分束器的时候，按照常规，它知道自己有两个选择，或者向上走路径 1，或者向前走路径 2，它很自由。不管它选的是路径 1 还是路径 2 ，当它走到第二个分束器的时候，它都还是有两个选择。

那为什么它总是坚定地选择前往 D2 探测器呢？

唯一的解释，就是这个光子知道，这两条路径都存在。光子一点都不天真。

“同时走过两条路径”，这是我们从人类行为方式中外推出来的设想，其实谁也不明白那是什么意思——也许光子根本就不需要什么“走过”。我们完全可以换一个表达方式——在光子出发的那一刹那，它的波函数，就对所有的路径、干涉仪全局的设置，有一个总体感知。是这个“总体感知”告诉光子应该如何运动。我认为“总体感知”是比“同时走过两条路径”更好的说法。下一节我们将会看到，波函数——严格地说应该叫“态函数”——的感知能力并不仅限于空间。

现在我们可以用这个感知探测炸弹了。我们要用到光的粒子性，经典物理学可做不了这个。

我们把那颗无比敏感的炸弹放在干涉仪的路径2上（图53），阻断这条路径，然后只发射一个光子。你说会发生什么？

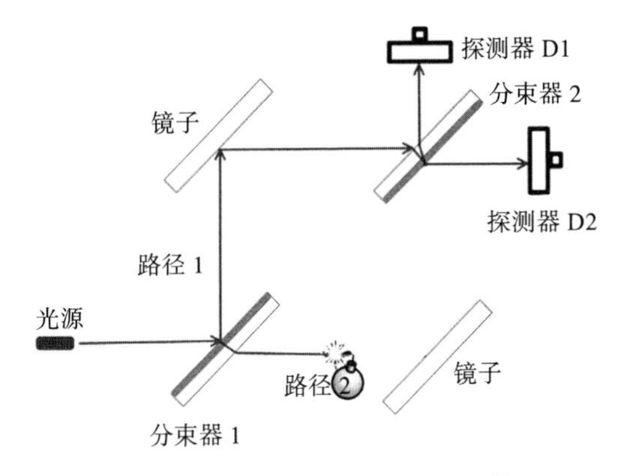


图53　伊利泽 - 威德曼炸弹测试[3]

现在不会有干涉现象了，一切神奇都消失了——但是跟前面图52中的设定相比，这种情况下没有发生神奇的事，恰恰说明了这种情况本身十分神奇。

这一次的光子很天真。经过第一个分束器的时候，它有一半的可能性选择路径 2，导致炸弹爆炸，物理学家很不幸，实验失败。

但光子也有一半的可能性走路径 1。然后当它走到第二个分束器的时候，因为路径 2 被炸弹阻断了，这里没有干涉，光子前往两个探测器的可能性同样大。

那么有总共 1/4 的可能性，探测器 D2 会收到这个光子。这跟没有炸弹的结果一样，你无法作出判断，实验还是没有成功。

但是还有 1/4 的可能性，探测器 D1 收到了那个光子。这个结果看似波澜不兴，但是因为你事先知道，如果没有炸弹，D1 是收不到光子的——所以你可以断定，现在有炸弹。这也就是说，因为量子力学，我们有 1/4 的可能性，能在跟炸弹不发生任何相互作用的情况下，探测到炸弹的存在。

表 1　光子走过的不同路径告诉你：有炸弹吗？

| 可能性 | 在分束器 1 | 结果 | 在分束器 2 | 有炸弹吗？ |
| --- | --- | --- | --- | --- |
| 1/2 | 向前，路径 2 | 炸弹爆炸 | …… | 实验失败 |

**续表**

| 可能性 | 在分束器 1 | 结果 | 在分束器 2 | 有炸弹吗? |
|---|---|---|---|---|
| 1/4 | 向上，路径 1 | 前往分束器 2 | 前往探测器 D1 | 有炸弹! |
| 1/4 | 向上，路径 1 | 前往分束器 2 | 前往探测器 D2 | 无法判断 |

***

咱们再重新捋一遍这件事。从前有个国王，给大臣们出了一道题。他说我有一种无比敏感的炸弹，只要有一个光子打在它身上，它就会立即爆炸。现在规定只能使用光学方法，而不能用什么重力啊，声波啊之类的技术，你们有办法在不引爆炸弹的情况下探测到它的存在吗?

宰相是个非常懂逻辑的人，他做了一番周密的考虑：如果我不向炸弹发射光子，我就不可能知道炸弹是否存在；如果我向炸弹发射光子，炸弹一定会爆炸，我知道它的存在但是也引爆了它。宰相断定，无干扰的探测不可能成功。

这时候来了四个物理学家，说我们有办法，不过我们四个人不能都成功。国王说那你们试试吧。

他们的实验结果是——

· 前两个物理学家直接引爆了炸弹。

· 第三个物理学家表示自己没有结论，不能作出判断。

· 但是第四个物理学家，在炸弹没爆的情况下，说炸弹确定、肯定、一定存在。

这四个物理学家的方法是既向炸弹发射光子，又不向炸弹发射光子：他们探测用的是光子的波函数，而不是光子本身。1/4 的成功率不算高，但是炸弹的信息毕竟传递出来了。

而且请注意，这个成功率是可以提高的。马赫-曾德尔干涉仪把光信号分成了两条路线，我们为什么只分这一层呢？1995 年，奥地利和美国的几个物理学家用实验证明，如果增加干涉仪的分层级数，同时再调整分束器的反射、透射比例，你就可以提高成功的概率[4]。理论上，探测成功的概率可以无限接近于 1。

我们在不跟观测对象发生任何相互作用的情况下，观测到了它的存在。这就等于说，我们原则上，可以利用波函数的感知能力，传递一个经典物理学禁止传递的信息。

只可惜这个信息的传递速度不能超光速：我们还是得等到探测器接收到光子才能作出判断，而炸弹在光子的某一条前进路线上。所以这件事儿虽然神奇，但是并不违反相对论。如果波函数在光子出发的那一刹那就已经了解了全局信息，它并不能立即把这个信息告诉你。

但是无论如何，炸弹实验和量子纠缠实验似乎都在告诉我们，波函数好像有个超越空间的感知。波函数好像什么都知道。光子要有粒子性，波函数要有感知能力，这两个条件加起来才叫量子力学。

这里面还有个更深刻的道理：正是波函数的这个全局感知能力，决定了量子力学为什么是“量子”的。还记得我们在前面讲薛定谔方程的时候说过，只要把粒子放在受限制的空间之中，这个粒子的能量就必须是一个一个的“能级”吗？我们当时说，那是对波函数方程求解带来的数学要求，但是这个数学要求意味着什么呢？它意味着，粒子的能量，是由它所能去到的整个空间所决定的——是全局，决定了这一点。

氢原子有个电子。单看这个电子，似乎可以有任意的能量，没有什么东西在直接命令它，对吧？但是考虑到整个氢原子周围空间的形状，电子的能量就只能是这么几个数值……也正因为这一点，电子跃迁产生的光就只能是那样的光谱，所以光才必须是一份一份的，所以爱因斯坦才提出“光子”这种东西。

电子连自己身边的事物都不会“看”，它的波函数却感知到了全局，并且以此对它进行了限制。

因为波函数的全局感知能力，粒子的性质一直都是由整个空间所决定的；因为波函数的全局感知能力，量子力学解出来的各种物理量才不能连续变化，才必须是“量子”的；也正是因为波函数的全局感知能力，爱因斯坦这样的科学家才拒绝接受量子力学的世界观。

下一节你将会看到，波函数还有一个超越时间的感知：你现在的选择，可以改变过去。

## 问答

**Tio Plato:**

宇宙中是否存在绝对空旷的地方？没有任何物质存在的空间是否存在？还是说没有绝对空旷的空间，被认为空旷仅仅是因为观测不到里面存在的东西？有一种观念是即使没有物质，也存在 virtual particles（虚拟粒子），难道人可以认识的空间中，不存在绝对空旷的区域或者状态吗？

**万维钢:**

没错，不存在绝对空旷的地方。整个宇宙中都弥漫着“宇宙微波背景辐射”，它们是来自宇宙创生时候的光子，它们没有消失，给宇宙中哪怕最空旷的地方也提供了一点点温度。

物理学家在实验室里可以把背景辐射的那一点点温度也给去除掉，得到一个几乎绝对的真空环境。但是，真空也不是那么“空”的。

你可以说是因为能量不确定性原理，也可以说是因为量子场论的某个机制，真空中会随机地、时不时地冒出一对虚拟粒子来。它们存在的时间很短，很快就会湮灭，它们不能被直接观测到，但是已经有间接的证据证实这个机制的存在。所以如果你的感知足够细，你大约可以说真空不但不是空的，而且是“沸腾的”。

为什么会这样？为什么宇宙中就没有一个绝对“空”的地方呢？从哲学角度来说，是因为这个宇宙不管怎样都要受到物理定律的管辖。数学在，量子力学的定律在，发生事情的可能性在，发生事情的舞台就在，怎么能说是“空”的呢？

# 15. 用现在改变过去

我先讲个有点怪的故事。从前有个男子叫小张，收入不高，但是上进心很强。他听说良好的着装能提升自信，就斥巨资，给自己从头到脚弄了一套特别高级的正装。由于财力实在有限，小张担心这套衣服总穿的话磨损太快，就决定以随机的方式，每次只穿这套正装的上半身或者下半身，另外半身穿普通衣服。公司的同事们很快就注意到了小张的穿衣规律，都取笑他，但是小张不以为意。

小张所在的公司有个合作伙伴，不定期地派一位叫小李的女士过来开会。小张对小李好像很有好感。同事们慢慢发现，小张平时穿那套高级正装时全都是只穿半身，但只要小李来公司，小张就总是穿全套。据此有些同事断定，二人必定已经暗通款曲：小李来公司之前肯定通知了小张，不然怎么会那么巧？但也有些同事认为，这两人的接触极其有限，好像并不足以产生那么深的关系……也许小张就是有一种能预感到小李是否来公司的超能力。

于是大家决定做一个实验。这天早上，同事们通过计算通勤时间，确定小张已经离开家，就在小张快要到达公司的那一刻，突然决定邀请小李来公司开会。同事们心想，这个邀请是我们临时决定的，小张和小李事先绝对想不到，就算小李通知小张，小张也来不及回家换衣服。所以理论上来说，小张这次将以半身正装面对小李，对吧？

结果是，小张准时到达公司，而且穿的是全套正装。

难道小张有预知能力吗？

你猜对了，小张其实是一个光子。正常人办不出来这样的事。这一节我们要介绍的实验叫“延迟选择”，它似乎说明你现在作出的决定，能改变某些事物的过去——就如同同事们在小张离开家门之后的决定影响了他离家之前的穿衣方式一样。这可能吗？咱们先回到上一节说的那个马赫 - 曾德尔干涉仪。

我们知道，在没有炸弹阻断前进路线的情况下，光子应该只会被探测器 D2 接收到。一个自由的光子绝对不会这么做，所以我们断定，这个光子必定是同时走过两条路径——既走了路径 1 又走了路径 2——才能在第二个分束器处自己跟自己干涉，才能做到只去探测器 D2 而不去 D1。

这个“既……又……”的行为，用以前的话来说，叫作表现了光子的“波动性”。用更现代的语言来说，光子处于两条路径的“量子叠加态”。用小张的故事来说，小张既穿了正装的上半身又穿了下半身，穿的是全套。

但如果路径 2 上有炸弹，光子的行为就彻底改变了。它会以 50% 的概率切切实实地引爆那颗炸弹，说明它真的走了路径 2；剩下的概率中，它切切实实地走了路径 1，而且有各 25% 的概率前往探测器 D1 或者 D2。这意味着光子的表现就是一个可以自由做选择的粒子，它表现的是“粒子性”。它的量子叠加态从离开第一个分束器那一刹那就已经坍缩了。这相当于小张“或者”穿正装的上半身，“或者”穿下半身。

简单地说，光子在刚刚面对两条路径的那一刻，必须作一个决定：我跑这一趟是表现“既……又……”呢，还是表现“或者……或者……”？我要做“波”还是“粒子”？

光子没有思想，决定必定是它的波函数告诉它的。波函数似乎事先就已经看明白了两条路径的设定。而物理学家早就证明了这一点。

你还记得吗，杨氏双缝实验中哪怕用电子，哪怕每次只走一个电子，最后屏幕上也会呈现干涉条纹：这说明电子穿过缝的时候是既走了这条缝又走了那条缝，表现了波动性。后来费曼提出一个问题，他说如果我们在两条缝那里安上探测器——相当于监控摄像头——电子过缝的时候我们能看见它是从哪儿过的，那会怎样呢？

答案是电子不再表现波动性了。它的行为模式变成了“或者走这条缝或者走那条缝”，它变成了粒子。屏幕上也不再有干涉条纹，而是形成了好像用子弹扫射一样的双峰统计[1]，如图 54 所示。

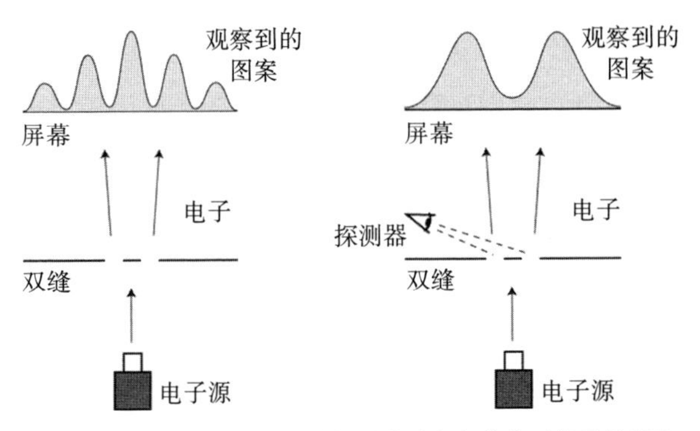


图 54　无探测器（左）与有探测器（右）状态下粒子的行为

人们对此的本能解释是，对电子的探测干扰了电子的行动：你要探测到电子就得用一个光子打它，可是光子一打在它身上，它的行为就变了。但这个解释是不对的。正如我们讲海森堡不确定性原理的时候所说的那样，关键不在于打扰，而在于限制。

或者用更现代的说法来说，是在于信息。

咱们换个探测方法，这回用光子，而且探测器绝对不打扰光子。

我们在屏幕后方放两个探测器，D1 和 D2，分别对应 1 和 2 两条缝。两个探测器要正好对准两条缝，并且把两条缝之间的距离稍微弄远一点，让两个探测器只能分别接收到自己对应的缝传来的光子，而绝对看不到另一条缝里过来的光子（图 55）。

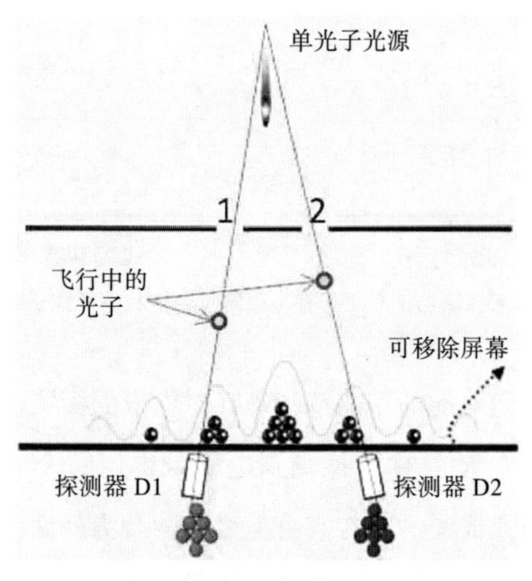


图 55　加装了探测器的双缝实验 [2]

在这个设定中，如果没有屏幕，让两个探测器直接监控两条缝，光子就表现粒子性，总是或者被这个探测到或者被那个探测到，没有干涉。而如果把屏幕放上去，把探测器挡住，光子就变成了波，出现干涉条纹。

这个实验还可以用马赫 - 曾德尔干涉仪做。干涉仪的两条路径就相当于两条缝。干涉仪的第二个分束器，也就是两条路径汇聚的地方，就相当于屏幕。有那个分束器，光子就表现为波，就会发生干涉，就只会被 D2 探测到；没有那个分束器，光子就是粒子，就可以被 D1 或者 D2 探测到。

这两种设定里没有东西打扰光子吧？所以这个现象的本质是，光子是表现为波还是表现为粒子，取决于你问它什么问题。你要非得问它是从那条路来的，它就表现为粒子——它的波函数就坍缩了；你要不问它是怎么来的，它就表现为波——它的波函数就没有坍缩。

你要是不逼着波函数表态，也就是说你的仪器不能探测路径信息，波函数就不会坍缩。

是你的观测让波函数坍缩。这个性质非常重要，请牢记。

费曼的博士导师惠勒，是个经常有奇思妙想的人，曾经猜测整个宇宙中只有一个电子。听说了光子根据路上的情况决定做波还是做粒子这件事儿之后，惠勒在 1978 年提出了一个设想。

惠勒说，咱们设想有一个距离地球 10 亿光年的星系，它的星光被爱因斯坦引力透镜分成了两束，各自到达地球。这就好像一个杨氏双缝实验。如果我们单独看其中一束星光，那束星光就是作为粒子走过来的；如果我们弄个分束器把两束星光合在一起，那些光子就是作为波走过来的。可这岂不是说，我们现在要不要上分束器的这个选择，决定了光子 10 亿光年前离开星系时候，要做波还是要做粒子吗？

这不就是说，我们现在的选择，改变了过去的事件吗？

这就叫“延迟选择”。表现在前面那个屏幕后面放探测器的双缝实验上，就等于是在光子已经走过了双缝之后，实验人员再决定突然撤掉屏幕或者突然安上屏幕。表现在马赫 - 曾德尔干涉仪上，就相当于光子已经离开了第一个分束器，走上了两条路径之后，实验人员再决定是否用第二个分束器。

那你说光子会怎么办呢？它走上两条道路之前已经想好了这回是做波还是做粒子。小张离开家门之前已经穿好了衣服。它们马上都快到终点了，你在揭盅之前那一刻，临时决定这回想看波还是想看粒子，那你让它们怎么办呢？难道小张要回家重新穿衣服吗？那也来不及啊！

结果光子仍然按规矩表现了波动性和粒子性。小张维护了自己的穿衣规则。

***

几个法国物理学家在 2007 年用干涉仪做成了延迟选择实验[3]。当然物理学家的反应速度没有那么快，他们不可能真等到光子离开第一个分束器之后再手动安装第二个分束器。这个实验的要点是发射很多次光子，然后让第二个分束器以超快速度随机地打开或者关闭（图 56）。干涉仪的路径长度是 48 米，分束器开关只需要几纳秒，这就保证了总有一些时候，第二个分束器是在光子离开第一个分束器之后才打开或者关闭的。

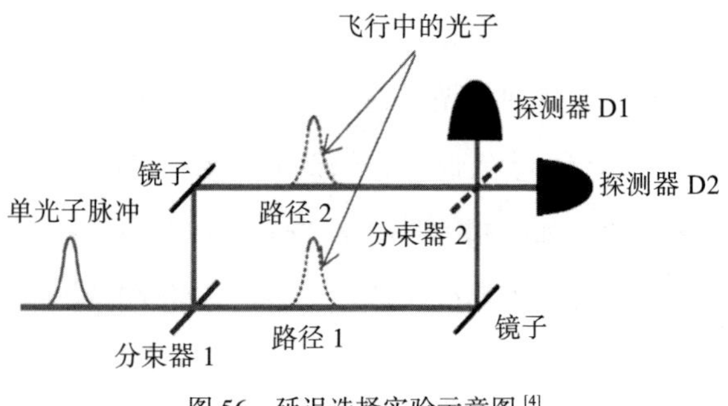


图 56　延迟选择实验示意图[4]

实验结果是，只要第二个分束器打开，就一定只有探测器 D2 能探测到光子，说明干涉一定发生了，光子一定表现为波；而只要第二个分束器关闭，D1 和 D2 探测器就各有一半的可能性探测到光子，光子表现为粒子。

2017 年，又有几个意大利物理学家，通过地面望远镜和太空中的卫星联络，做成了超远距离的延迟选择实验[5]。

实验中，最远距离达到了 3500 千米，地面开关分束器有 10 毫秒的反应时间，这就确保了哪怕用光速，也没有人能把地面分束器的开关情况提前通报给从卫星出发的光子。这就相当于小张回家换衣服是绝对来不及的，然而他就是换成了。

小张在出发之前，预知到了同事们的临时行动。

观测让波函数坍缩。后来的观测，可以决定之前的波函数是否坍缩。

怎么理解这个性质呢？说“预知”可能有点过了，毕竟我们能影响的只是光子当初做波还是做粒子这个我们无法直接体会的决定，严格来说这不算穿越到了过去。但是我们大概可以这么说——量子纠缠实验证明波函数有超越空间的感知能力，延迟选择实验证明波函数有超越时间的感知能力。

波函数似乎不受时空的限制。但我还是得说一句，因为你只能影响而不能全面控制波函数——比如你不能决定它坍缩成这条路还是那条路，那个结果是随机的——所以你还是得受到时空的限制，你没有违反相对论。

但是这件事已经足够离奇了。这到底说明什么呢？各派有不一样的解释。在此我想说的是，如果你能接受现在的观测可以改变波函数的过去，那么量子纠缠和延迟选择其实是一回事：我们完全可以说你对左手硬币的观测改变了当初两手分开那一刹那的选择。

事实上，有些哲学家甚至认为，你认为过去的事儿都已经板上钉钉了，不可更改，其实是一个错觉[6]。也许过去和未来的唯一区别是因为熵增定律，过去的可选项比未来的可选项少——但是原则上，其实都有得选。

# 16. 你眼中的现实和我眼中的现实

每个人观察世界的视角都是主观的。你周围所有的光信号中，只有一小部分能进入你的眼睛。你接收到的视觉信息中又只有一小部分能进入大脑的意识，让你对事情做出某种解读。每个人的视角不一样，看到的东西就不一样。面对同一个事物，我们就好像盲人摸象一样，各自有不同的看法。

同样的半瓶水，乐观主义者认为水还有半瓶，悲观主义者认为水已经空了一半。同样的一条裙子，打上不同的光，有些人就会认为它们颜色不同。

观察结果，取决于观察者。

但是请注意，以上这些都是心理现象，可不是物理现象。我们对一个事物的解读不一样，都是我们自己的原因：那个事物就在那里，它的那些“硬事实”，是你怎么解读也不会说错的。树上明明站着两只鸟，谁看也不能说有三只。正因为必须对“硬事实”达成一致，我们才相信这个世界是个客观实在，而不是每个人各自幻想出来的东西。

在量子力学里，观测结果往往受到观测行为的影响。电子本来没有自旋，是物理学家的观测给它强行赋予了一个确定的自旋。我们知道这个结果是随机的：物理学家本人不能决定观测出来的自旋是向上还是向下。但是到目前为止，我们说的观测都是对不同事件的观测。我在这一秒钟观测的是这个电子，那么下一秒不管是观测一个新的电子，还是把这个电子再观测一遍，都是另一个事件。

如果两个物理学家观测同一个物理事件，他们的观测结果必须是一致的，这样那个事件才算是客观实在，对吧？

不一定。量子力学会让你怀疑，到底有没有“客观实在”。

我们前一节讲了，观测会让波函数“坍缩”：这个粒子本来具有“波动性”，是一个“既……又……”的叠加态，现在因为你摆上仪器非得观测它到底是从哪条路走的，或者它的自旋到底是向上还是向下，它不得不变成了“或者……或者……”的“粒子性”，它的波函数坍缩了。

在数学上，这一切都是非常简单的。比如一个没有进行路径观测，同时走过两条缝的电子，我们可以把它的波函数写成[1]：

$$|\Psi\rangle_{\text{观测前}} = \frac{1}{\sqrt{2}}|\text{左缝}\rangle + \frac{1}{\sqrt{2}}|\text{右缝}\rangle$$

将这个函数叫“波函数”是一个历史习惯，严格地说，它应该叫“态函数”——它描写了从左边走和从右边走的量子叠加态。而不管用什么方法观测，只要你探知到了电子的路径，它的波函数就会变成：

$$|\Psi\rangle_{\text{观测后}} = |\text{左缝}\rangle$$

或者：

$$|\Psi\rangle_{\text{观测后}} = |\text{右缝}\rangle$$

具体变成这二者中间的哪个，完全是随机的。这就是波函数的坍缩。

坍缩前，波函数是两个状态的叠加；坍缩后，它随机地变成了其中一个状态。描写自旋、位置、动量，所有物理量的波函数都是这样的叠加[2]，这就是波函数的本质。图 57 展示了一个位置波函数的坍缩状态。

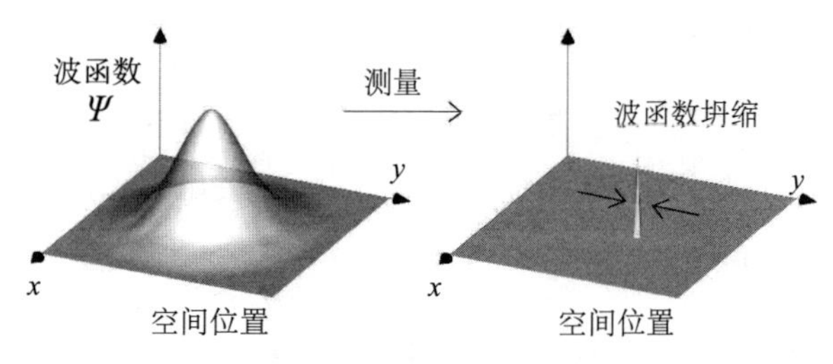


图 57　位置波函数的坍缩[3]

好，现在我们的问题是，从观测前那个形式，到观测后这个形式，波函数的变化是如何发生的呢?

大家都知道是观测让波函数坍缩，但是在底层的物理机制上，观测到底是怎么让波函数坍缩的，这是一个大问题。

玻尔基本上回避了这个问题。他说测量仪器都是宏观的东西，测量相当于宏观破坏了微观。我感觉他这个说法就如同说你用针刺破了一个肥皂泡，说着好像很自然，但是经不住细想：那个针和肥皂泡表面的接触过程到底是怎样的呢?

冯·诺依曼拒绝接受玻尔这个说法。他说测量仪器也是用原子组成的，理论上说也应该遵守量子力学定律啊。可是我们量子力学已知的所有定律里，根本就没有一条，说波函数是怎样坍缩的。我完全赞同冯·诺依曼这个质疑，这里面还有个考虑是，单纯用数学方程其实无法描写波函数坍缩——坍缩是绝对随机的，可是数学方程的运算没有这样的随机。我们大概可以说，波函数坍缩好像需要数学之外的一个什么东西来触发。

但是接下来冯·诺依曼有个大胆的猜测，我们可就很难接受了。他说是“人的意识”让波函数坍缩。这可能是因为测量都需要有人参与，而人的意识是唯一有可能不受数学方程限制的东西。量子力学与人的意识的关系，是一个引发了无数争论的大题目，我不太相信这个说法，但是咱们这里先不细讲。你现在只要知道波函数坍缩这个问题有多难就行了——物理学家都被逼到要把意识这么神秘的东西搬出来的程度了。

***

为量子力学的数学表述作出过重大贡献的尤金·维格纳（Eugene Wigner），也支持这个“意识说”，而且他提出了一个悖论。

维格纳出生于 1902 年，是属于量子力学上半场的物理学家。他想问题想得很深，而且善于提出好问题。维格纳曾经提出，为什么我们生活的这个自然世界里的事儿，如此精准地符合数学呢？你会用到无比复杂精巧的数学公式，但是那些公式真的有用，那这个宇宙凭什么听数学的呢？这是个奇迹。到现在，哲学家仍然在争论这个问题。

1961 年，维格纳构思了一个关于人的意识与波函数坍缩的关系的思想实验，后世把这个实验叫作“维格纳的朋友”。

我们设想有一个光子，处于“水平偏振”和“垂直偏振”这两种状态的量子叠加态。“偏振”这个概念跟自旋有点像，对光子来说很容易测量。你在电影院看 3D 电影用的就是偏振原理。两个眼镜片一个只能接收水平偏振光，一个只能接收垂直偏振光，这是两种不相容的状态，所以你的左右眼才能看到不一样的图像，在大脑中合成出来一个立体图像。我们假设，维格纳的一个朋友在一个实验室里对这个光子的偏振态进行了测量。那我们知道，这个测量行为必定会让光子的波函数坍缩，现在光子或者是垂直偏振，或者是水平偏振。

我们再假设，维格纳本人，在那个实验室外面目睹了他朋友做的事情。维格纳知道他的朋友做出了观测，只是不知道观测的结果。

好，那请问，现在那个光子是什么状态？维格纳和维格纳的朋友对此有不同的看法。

在维格纳的朋友看来，我实验已经做完了，我已经知道光子的偏振是……比如说垂直的吧，它的波函数已经坍缩了，它现在就是一个垂直偏振的光子，即 $|\Psi\rangle=|\text{光子垂直偏振}\rangle$。

但是在维格纳看来，既然我还不知道观测的结果，根据量子力学，我就必须假设光子波函数没有坍缩。不过考虑到我朋友做了实验，他跟光子发生了相互作用，我应该把朋友也算作这个量子事件的一部分，所以波函数应该写成下面这个样子：

$|\Psi\rangle=\frac{1}{\sqrt{2}}|$光子水平偏振$\rangle|$朋友观测到水平偏振$+\frac{1}{\sqrt{2}}|$光子垂直偏振$\rangle|$朋友观测到垂直偏振$\rangle$。

你看，光子现在到底是个确定的状态还是处于某种叠加态，它的波函数到底坍缩了没有，维格纳和维格纳的朋友有不同的看法。而且他们的看法都是对的。那光子的状态还是个客观现实吗？

你可能马上想到，维格纳可以做实验验证啊！他找个干涉仪，看看光子能不能自己跟自己干涉，这不就行了吗？不行。维格纳眼中的光子并不是简单地处于“水平偏振”和“垂直偏振”的叠加态，而是考虑到他朋友的观测，把他朋友也看作量子系统的一部分。维格纳必须把他朋友带上，跟光子一起做个干涉实验才行。但是维格纳的朋友毕竟是个宏观物体，他的“波动性”实在太小了，这个干涉效应没有办法观测到。

而如果只是再测一遍光子的偏振情况，维格纳只会得到跟朋友一样的结果——对此，维格纳的朋友会说，那是因为之前自己在实验室里的观测就已经让光子的波函数坍缩了；而维格纳会说，是因为自己这一次观测，让光子跟朋友的总波函数一起坍缩了。他们对事件的解释不一样，可是你无法判断谁说得对。

“维格纳的朋友”这个思想实验里说的客观现实冲突，似乎是无法证明的……

但是，2019 年，英国赫瑞瓦特大学的几个物理学家，用光子代替维格纳和维格纳的朋友，真的做成了这个实验[4]。实验设计非常复杂，简单地说，是用四个光子代表两对物理学家——爱丽丝和爱丽丝的朋友、鲍勃和鲍勃的朋友——去测量另外一对有纠缠关系的光子。爱丽丝的朋友和鲍勃的朋友各自在一个实验室里测量一个光子的偏振情况，爱丽丝和鲍勃则在两个实验室外面做测量，如图 58 所示。

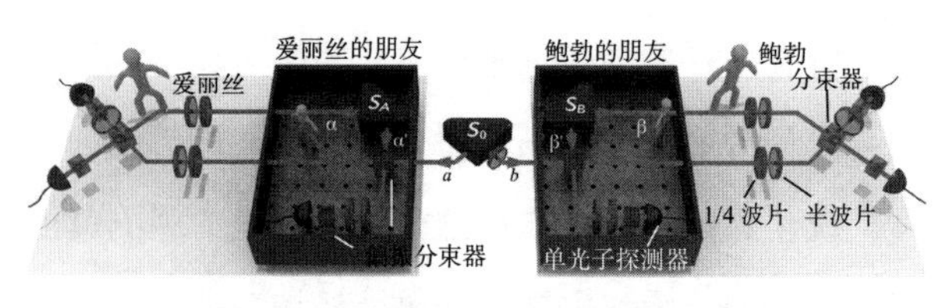


图 58 “维格纳的朋友”实验示意图

$S_0$、$S_A$、$S_B$ 为光子源，$S_0$ 产生一对有纠缠关系的光子 a 与 b，$S_A$ 产生的光子 α 为爱丽丝的朋友，$S_B$ 产生的光子 β 为鲍勃的朋友；1/4 波片和半波片的作用是改变单个光子的偏振状态，从而使得光子发生不同类型的干涉。

爱丽丝可以选择直接测量那个光子的偏振，这相当于知道了她朋友的测量结果；她也可以选择把朋友和那个光子放在一起测量，这相当于对自己心目中那个更大的波函数进行观测……如此这般这般如此，再考虑到贝尔不等式那样的协调效应，简而言之，最后人类物理学家再统计一下所有这些测量的概率，发现那些概率的行为并不一致。

这就相当于证实了，维格纳和他的朋友，确实观测到了不一样的现实[5]。当然这个实验跟维格纳原始的设想已经不一样了，这里面维格纳和维格纳的朋友不但没有意识，而且还都成了光子。我们如果保守一点，大概不应该从这个实验中得出“客观实在不存在”这样的结论。但是无论如何，如果你非得相信波函数是个物理实在，那么“维格纳的朋友”这个思想实验告诉你，两个观测者对同一件事可以有不同的观测结果。量子力学至少给了我们去质疑“客观现实”的动力。

这个动力会吸引人使用“平行宇宙”这样的观念去解释量子力学。

# 17. 猫与退相干

这一节咱们继续讲波函数的特性。有一个问题，很多人都认为特别神秘。但现有的量子力学知识足以告诉我们，这个问题并不神秘。我希望这一节能让你相信，研究量子力学的物理学家们并没有彻底迷失自我。

这个问题就是“薛定谔的猫”。

量子力学原本是一个关于微观世界的理论。我们通常用波函数描写一个量子叠加态，说的都是像一个光子、一个电子这样的东西。在你做出明确观测之前，光子可以既走左边的缝又走右边的缝，电子的自旋可以既是正的又是负的，这种现象是量子世界最本质的神奇之处。我们觉得量子叠加态难以理解，是因为我们日常生活的这个宏观世界里没有叠加态的现象。

可是为什么宏观世界没有叠加态呢？

你大概可以简单地说，这是因为宏观世界里的物体都太大了。我们在讲德布罗意的物质波时说过，保龄球之所以没有波动性，是因为它的质量太重，所以波长太短。保龄球的空间波动性实在太小，所以我们无法观测到它的位置是“几条路径的叠加态”。

这么讲似乎也说得通，但位置的波动性只是叠加态的一种，你又怎么能保证，没有别的什么特性，能让一个宏观物体表现出叠加态呢？薛定谔就想出来一个。

这是量子力学里最著名的一个思想实验。薛定谔设想了这么一个情景。我们有一个盒子，盒子里面装着一只猫和一个能探测到放射性衰变的装置（图 59）。这个装置里有一个有可能会发生衰变的原子。

图 59　薛定谔的猫思想实验[1]

如果这个原子衰变了，装置就会触发一个机关——比如说一个锤子会落下来，打碎一个装着有毒气体的瓶子。瓶子碎了，有毒气体跑出来，猫就会中毒而死。而那个原子如果没衰变，猫就会继续活着。

原子衰变是个典型的量子随机事件。任何一个可衰变的原子，给定一段时间，它都既有可能发生衰变，也有可能不发生衰变。只要知道这个原子的半衰期是多少，我们就可以精确选择一段时间，确保在此期间内原子正好有一半的可能性衰变了，一半的可能性没有衰变。在时间到了、你打开盒子之前的那一刻，那个原子处于衰变和没衰变的量子叠加态。

既然猫的死活是和原子的衰变完全关联在一起的，我们便可以说，猫的死活，现在也是一个量子叠加态：

$$|\Psi\rangle = \frac{1}{\sqrt{2}}|猫活\rangle + \frac{1}{\sqrt{2}}|猫死\rangle$$

“薛定谔的猫”这个思想实验，把微观世界的量子力学效应放大到了宏观世界。猫，也可以处于叠加态吗？

当然可以。连维格纳的朋友这么一个大活人在实验室里做观测，都可以被实验室之外的维格纳认为是处于叠加态，还有什么是物理学家不敢想的？当然，如果维格纳的朋友戴上防毒面具，跟猫一起待在盒子里，他会在第一时间知道猫的死活，便不会认为猫处于死和活的叠加态。但是这并不妨碍盒子外面的维格纳认为猫处于叠加态。

维格纳和维格纳的朋友会对猫的状态有不一样的说法，但那是上一节的主题，这一节咱们单说维格纳站在盒子外面这个视角。薛定谔的真正问题是，如果猫可以处于叠加态，那为什么我们在日常生活中，从来没见过宏观物体的叠加态呢？

你可能会说这是因为宏观物体会被人看到。一旦我们打开盒子看到猫，猫的波函数就坍缩了。这似乎又回到了意识对波函数的作用这个老问题，但其实不必如此。我们完全可以既打开盒子，又故意不去观测猫的状态，就好像你可以不问光从哪条路来一样。

如果猫可以既是死的又是活的，也许我们就可以弄一个可以摆弄猫的干涉仪，通过调整相位，就好像让光子只去 D2 探测器一样，让猫一定不死……我们可以做各种各样有趣的事情。那为什么做不到呢？为什么宏观世界里没有叠加态呢？

薛定谔那一代人当时没想明白这个问题。但是新一代物理学家已经提出了非常合理的解决方案。现在“维格纳的朋友”仍然是个悖论，但是“薛定谔的猫”已经不一定是悖论了。

我们需要一个新概念，叫作“退相干”。

目前为止我们说的波函数，一般都是一个粒子的波函数，它等于这个粒子的两种可能状态之和。但如果你这个系统中包含几个粒子，这几个粒子之间还有相互的纠缠，而且粒子和周围环境、探测的仪器之间也有纠缠，再使用单个粒子的波函数就不合适了。我们必须把所有这些粒子和环境因素都考虑到，写一个大的波函数：

$|\Psi\rangle=|$粒子一的第 1 个状态$\rangle\cdot|$粒子二的第 1 个状态$\rangle\cdots|$环境的第 1 个状态$\rangle+|$粒子一的第 2 个状态$\rangle\cdot|$粒子二的第 2 个状态$\rangle\cdots|$环境的第 2 个状态$\rangle+\cdots$

这个波函数的结构也是叠加态。其中每一个状态都是系统中所有粒子各自的状态和环境状态相乘得到的，而整个波函数是所有可能状态的叠加。

在理想的情况下，如果这是一个孤立的系统，不受干扰，而且这个公式中系统的每一个可能状态都还保持不变（用数学语言就是“相位”不变），那么我们就说，这个系统处于“相干态（coherence）”。相干的意思就是这些状态之间仍然可以发生同样的干涉——

· 走过双缝的一个粒子的两个状态——走左边和走右边——是相干态，所以我们才能看到干涉条纹。

· 叠加的两条路径的相位正好相差半个波长，才能发生干净的相消干涉。

· 互相纠缠的两个电子不管分隔多远，只要还处于相干态，你测量其中一个的自旋就会立即决定另一个的自旋。

保持相干，就是让波函数的各个叠加态的相位不变，如同把波函数装到罐头里。

然而世界上并没有绝对孤立的环境。粒子们总要和外界接触，环境也会改变，所以那个大波函数的各个求和项会随着时间变化。这样各个状态的干涉情况就得跟着变，以前能发生干涉的，现在可能就不能发生干涉了。

你想让相干性变“好”很难，但是你想让相干性变“差”很容易。稍微来点干扰，原本有个干净的相位差、能发生漂亮干涉的几个粒子就会变得杂乱无章，这就叫作“退相干（decoherence）”。原本互相纠缠的两个电子，一旦发生退相干，就没关系了，什么鬼魅般的超距作用，什么协调也就没有了。退相干，就是这个波函数罐头变质了。

这就好像一个班的大学同学，原本因为一起学习，大家的思维同步，说起一个什么话题很容易产生共鸣，这就是“相干”。时间长了，每个人有不一样的变化，有些话就说不到一起去了，慢慢变得彼此“不相干”——同学们再想弄个集体活动就越来越难，以至于你都觉得他们已经不再是一个集体了，这就是发生了“退相干”。

只要保持相干，少数几个粒子就能代表很多很多有意思的可能性，它们充满灵动；一旦退相干，这几个粒子就好像从进退有度的士兵和会心灵感应的艺术家变成了吵吵闹闹的市井百姓，就失去了灵气。相干和退相干是科学家研制量子计算机时最关心的事情。

想要用这几个原子做量子计算，你必须让它们保持相干。如果不希望它们发生退相干，你得想办法给装有波函数的罐头“保鲜”。

从相干到退相干的过程有点像波函数的坍缩，但是跟坍缩有个本质的区别：波函数坍缩是个瞬时事件，但是退相干则有一个逐渐发展的过程，它的速度很快，但是会有一个时间段（图 60）。

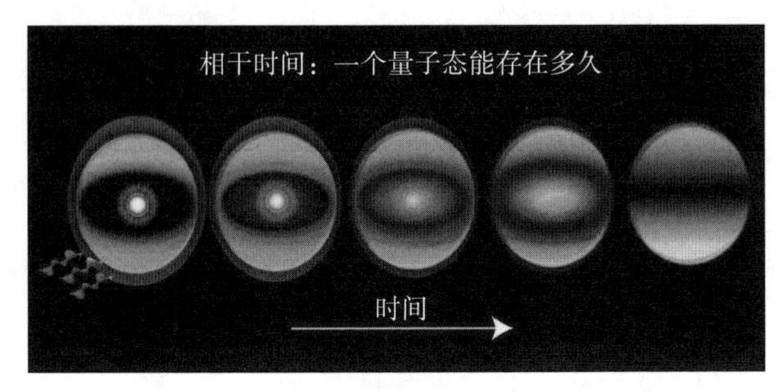


图 60　退相干过程[2]

现在我们可以谈论猫的波函数了。

猫不是一个孤立的事物。考虑到猫随时都在和外界环境互动，我们应该把打开箱子那一刻，猫的波函数写成下面这个样子：

$|\Psi\rangle=|$猫活$\rangle\,|$环境的第 1 个状态$\rangle+|$猫死$\rangle|$环境的第 2 个状态$\rangle$

而不是前面说的那个单纯的死和活的叠加态。当然这个跟环境纠缠的波函数也是一个叠加态，那为什么我们没有看到猫处于叠加态呢？为什么不能用猫做干涉呢？

因为这个波函数迅速发生了退相干。

退相干是个可观测的过程。2000 年，美国国家标准与技术研究院（NIST）的物理学家已经在实验室里全程观察到了几个粒子逐渐退相干的过程[3]。而且他们证实了，参与的粒子数目越多，退相干的速度就越快。

那我们想想，猫加上盒子，再加上外界的环境，再加上探测的设备，这得有多少个粒子？这个退相干的速度得有多快？因为退相干的速度太快了，几乎就是立即发生的事，所以谁也无法捕捉到猫的叠加态。

至此，“薛定谔的猫”这个问题就解决了[4]。我们也可以回答开头的问题了。猫有叠加态吗？回答是：猫有叠加态，只不过退相干发生得太快了，我们没有看到。

为什么宏观世界没有叠加态呢？回答是：宏观世界、日常生活中，也有叠加态，也是因为退相干发生得太快了，我们才无法看到。

***

今天的物理学家已经不再认为“薛定谔的猫”是个悖论，但是有几个关键的观念，我们得说清楚。

第一，猫的死活，仍然可以处于叠加态。是的，因为退相干太快了所以我们观察不到叠加态，但是你不能说宏观物体没有叠加态。

第二，“维格纳的朋友”仍然是个悖论。在打开盒子之前，我们仍然可以认为猫处于叠加态，维格纳也仍然可以认为他的朋友和那个光子一起处于叠加态，他的世界观仍然跟他朋友不一样。你可以说那个波函数随时都在发生变化，但那仍然是一个波函数。退相干并没有说宏观世界没有波函数。退相干之后的波函数也是波函数，只不过因为太过杂乱无章，不能给你带来美丽的干涉条纹而已。

对退相干来说，物体的重量倒不是本质问题，关键在于粒子太多，容易变杂乱。如果我们把猫冷冻起来，让组成它身体的粒子都规矩一点，它的波函数退相干的速度就会慢一点。

第三，退相干并不能解释波函数的坍缩。

坍缩，是从叠加态变成其中一个确定的态，是瞬间发生的；退相干，是从“好的”叠加态变成

“不好的”叠加态，是逐渐发生的。因为退相干之后各个叠加项的相位凌乱，我们可以说这时候再用一个统一的波函数描写这些东西已经没意义了——但是不能说那个波函数没了。

# 18. 道门法则

我们已经讲到了最新的实验研究，但是量子力学的谜题仍然没有被破解。我们想要一个解释。

网上流传着一套所谓“科幻四大定律”——遇事不决，量子力学；解释不通，穿越时空；脑洞不够，平行宇宙；定律不足，高维人族——不知道你有什么看法，我看这都是俗套。比如说“高维空间”，现在一有个不好解释的现象，就有人说：“这是不是高维空间的问题？”这帮人是不是科幻小说看多了？高维空间是万能的吗？你知道高维空间意味着什么吗？高维空间这个假说带来的问题比它解决的问题更大。

不过，现在各路物理学家和哲学家对量子力学的各种解释，有的比高维空间还要离奇。事实上，科幻小说的那些俗套，正是起源于这些解释。这一节不能让你理解量子力学，但是也许能带给你一些科幻灵感。

***

我们得明确一点，玻尔等人坚持的所谓“哥本哈根解释”，其实并不是一套解释[1]。新一代的实验结果让我们进一步明确了，量子力学中有三个性质，是我们不理解的，是有疑问的。

第一，观测结果为什么是随机的？

电子自旋是向上还是向下，光子落点是这里还是那里，原子在这个时间段里到底是衰变还是不衰变，量子力学认为，这些问题的结果是真随机：没有理由，无法推导，谁也不能事先确定。可是宏观世界也好，数学方程也好，都没有这样的随机。

第二，“鬼魅般的超距作用”到底是如何完成的？

超距作用对爱因斯坦来说只是一个不可思议的推理结论，而对现代人来说则是一个已经被实验证明的事实。超距作用和随机性，是量子力学最让人无法接受的两个硬事实。

第三，波函数到底是个物理实在，还是仅仅是一个数学工具？

如果波函数只是个数学工具，为什么光子对实验路径有个全盘的认知，为什么又好像能预知未来？如果波函数是个物理实在，它的“坍缩”到底是怎么回事？从无数个可能坍缩到这一点，从无处不在坍缩到只在这里，竟然不需要任何时间，这到底是一个什么样的过程？为什么维格纳和维格纳的朋友对波函数有不一样的看法？

“哥本哈根解释”要求我们不要问了，接受它们就是，这其实是一种立场和态度，等于回避了这些疑问，更应该叫“哥本哈根不解释”。

物理定律的作用是符合实验，而不是寻求真相，但你可能还是想知道一个真相。很多物理学家也是这么想的。他们设想了各种解释，现在有一定影响力的就已经超过十种。

我们简单介绍一下其中著名的几种。这几种解释都既没有证据表明是对的，也没有证据表明是错的，对当前科学理解来说，它们都还“活着”。相信哪一个，取决于你喜欢什么。

如果你喜欢宏大的世界观，你必定早就知道“多世界解释（Many-Worlds Interpretation）”，也就是“平行宇宙”。这个现在非常流行的解释认为，在波函数坍缩的那一刻，世界发生了分叉。

为什么我们观测到的电子自旋向上还是向下是不确定的？因为向上向下其实都发生了。每一次波函数坍缩，这个世界都变成了两个甚至无数个“分身世界”：其中一个世界里，那个电子的自旋向上；另一个世界里，自旋向下。你之所以看到向上的自旋，是因为你恰好身处这个世界之中：在另一个世界里，还有另一个一模一样的你，他观测到的电子就是自旋向下的。

薛定谔的猫在某个世界里出来时是活着的，在某个世界里是死的。世界无时无刻不在分叉，所有物理定律允许发生的事情都在某些分身世界里发生了。无数个你生活在无数个分叉的世界之中，经历着因为波函数坍缩效应而产生的不一样的命运（图 61）。

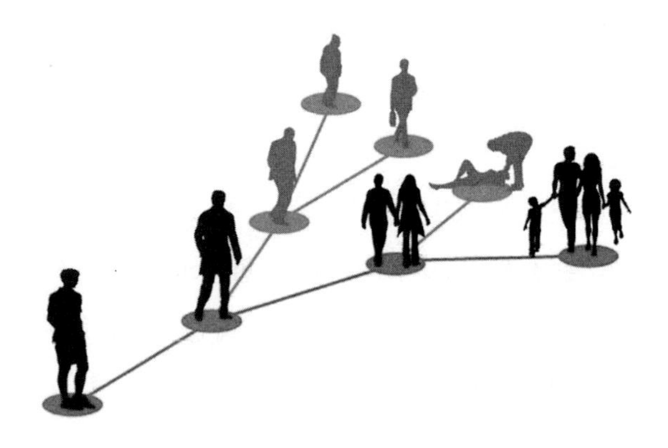

图 61　生活在分叉世界中的人的不同命运 [2]

你可能觉得这个解释太极端了。因为要解释一个小小的电子，竟然要复制出来一整个世界？这值得吗？至于吗？但是在我看来，多世界解释其实是个保守的理论。

因为它保护了我们的经典观念。多世界解释不需要随机性。一切可能发生的都发生了，量子随机性就不存在了。而且多世界解释其实是一个非常严肃的数学理论。2014 年，杜兰大学的物理学家法兰克·J. 迪普勒（Frank J. Tipler）证明，多世界解释可以避免鬼魅般的超距作用的发生[3]。这样一来，爱因斯坦坚持的那些东西——上帝不掷骰子、量子纠缠没有超光速协调——多世界解释都能满足。只要你相信世界可以分叉，量子力学就不再神秘，你说值不值得？

如果你喜欢鬼神之说，我向你推荐“导航波理论（Pilot Wave Theory）”。这个理论出身名门，最早是由德布罗意在 1927 年提出的，后来被戴维·玻姆（David Bohm）在 1952 年完善。导航波理论是一个“二元”的世界观，它把粒子和波函数分开了，认为它们是两种不一样的现实。

粒子就是我们平常想象的，像小球一样的，有确定的位置和动量的经典粒子。但是粒子自己不知道该怎么运动，它需要“导航波”的引导。导航波取代了波函数，它无处不在，无所不知，能够瞬间传递信息，它代表了量子世界所有的波动现象。图 62 是双缝实验中的导航波。

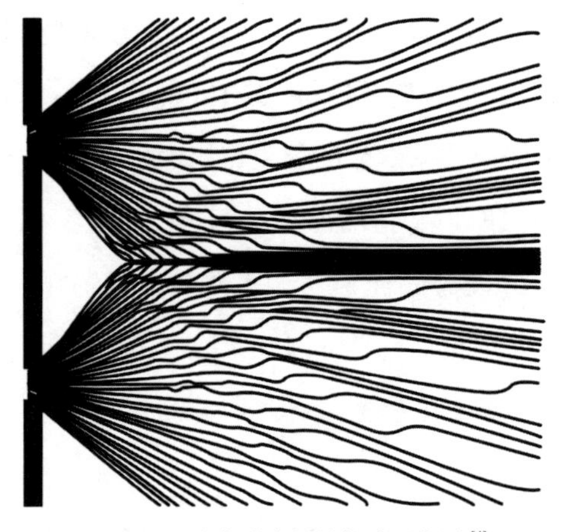

图 62　双缝实验中的导航波示意图 [4]

导航波通过某种“量子势”告诉粒子如何运动，而粒子告诉导航波如何变化。粒子的运动仍然要满足相对论的要求，但是导航波却可以瞬时、全局变化，这样一来超距作用就有了着落。既然把一切神秘都推给了导航波，那么“波函数坍缩”也就不存在了，粒子的行为都是导航波决定的，而导航波永不坍缩。

最关键的是，导航波其实包含了爱因斯坦想要的隐变量。既然导航波是瞬时和全局性的，它就会受到宇宙中所有粒子的影响。那么此时此地这个粒子的行为，本质上就是由宇宙中所有粒子共同决定的——这就是为什么我们无法预测它。量子力学的随机性其实是因为，干扰粒子行为的因素存在于全宇宙，干扰因素实在太多了。

这个导航波是不是有点像鬼神传说中那个“精神世界”？它自身充满了信息，跟粒子代表的物质世界关联在一起，但却是两种东西。如果能体会甚至控制导航波，你不就掌握了超能力吗？如果能以导航波的形态存在，你不就是“灵魂”吗？这是一个挺好的玄幻题材。

如果你喜欢玄学思辨，“全息宇宙（Holographic Universe）”和“量子逻辑（Quantum Logic）”可能会让你感兴趣。

全息宇宙解释认为，我们所观测到的一切之所以让人感觉定律不足，也许是因为需要“高维人族”——需要“更真实”的宇宙，更深层的现实。你知道电子到底是什么东西吗？我们对电子的一切观测都是间接的。也许我们看到的、感受到的、观测到的一切物理现象，都是某个更深层的现实的投影。我们这个扭曲了的投影很怪异，但是那个深层的现实是完全合理的。

量子逻辑解释则认为，我们之所以不理解量子力学，是因为我们受到宏观的日常生活的影响太大了。宏观世界的逻辑并不适用于量子世界。1936 年，冯·诺依曼和数学家加勒特·伯克霍夫（Garrett Birkhoff）发明了一套量子逻辑，这个逻辑系统可以把位置、动量、概率这些概念的性质全都改写，而且在数学上也能自洽。量子逻辑理论一直到今天仍然有人在搞，但是仍然未能达到覆盖整个量子力学的程度。

我认为全息宇宙和量子逻辑这两种解释的脑洞是最大的，它们直接挑战我们所有的思考，提供了完全颠覆的世界观。不管它们最终对不对，知道有这样的世界观存在，也是一个慰藉。

如果你喜欢穿越时空，你应该研究“时间对称解释（Time Symmetric Interpretation）”和“交易解释（Transactional Interpretation）”。

薛定谔方程也好，牛顿力学也好，相对论也好，物理定律的方程里的“时间”这一项，并没有特定的方向。我们在日常生活中感觉时间总是从过去到现在，从现在到未来，那在很大程度上是因为热力学的定律，也就是熵增，而那是一种宏观的现象。量子力学里没必要认为未来跟过去有什么不同。

据此，日本物理学家渡边慧在 1955 年搞了一套时间对称的量子力学。不但现在可以影响未来，未来也可以影响现在，波函数向着未来和过去两个方向演化。这套理论自带“向后”的因果关系，那么所谓延迟选择也就不成问题了。

1945 年，费曼还在做惠勒的博士生时，惠勒突发奇想（惠勒总能突发奇想），说两个带电粒子的相互作用，好像不应该仅仅是其中一个向另一个发射光子，而应该是两个粒子各自发射一个“半波”，这两个半波在空中发生一次“量子握手”。这就是所谓“交易解释”。

交易解释的关键在于每个粒子的波函数不是一个，而是两个：一个走向未来，一个走向过去。相互作用是发射方出来的、通向未来的波（延迟波，retarded wave）和接受方的走向过去的波（超前波，advanced wave）交易的结果，而交易发生的时候，其他地方的波自动干涉抵消了。这个理论跟“导航波”有点像，但是因为它有两个波，所以它能自动完善波函数跟时间的关系。

惠勒让费曼做超前波，说你做完了我再做延迟波。费曼如期完成了超前波的理论，还当着爱因斯坦和泡利的面做了报告。泡利当场表示反对，并且预言惠勒做不成延迟波……结果惠勒果然没有做成。这个理论一直到 1986 年才被约翰·G. 克拉默（John G. Cramer）完成。

如果你觉得上面这些解释都太过大动干戈，喜欢平淡的解释，“超级决定论（Superdeterminism）”可以让你立即获得内心的安宁。超级决定论认为，人根本没有自由意志，一切事件都是在宇宙创生之初，就已经由物理定律决定了的。

也就是说，包括在某时某刻选择观测某个物理现象这样的决定，都是早就安排好的。你根据安排观测一个粒子，跟它纠缠的另一个粒子根据安排做出相应的反应，这哪里有什么超距作用呢？你感到很惊讶，以为这里面有什么了不得的信息传递，殊不知一切都是在按照剧本走：连你自己也只是那个剧本的一部分而已。

超级决定论可能是贝尔首先想到的，现在受到了哲学家的欢迎。根据这个理论，宇宙中没有孤立的东西，没有独立的事件，所有东西都跟所有东西关联在了一起。而那个关联，既决定了粒子的所作所为，也决定了我们的所思所想。

***

还有一些别的解释，比如近年来出现的“客观坍缩理论（Objective Collapse Theory）”“关系性量子力学（Relational Quantum Mechanics）”“量子贝叶斯主义（Quantum Bayesianism）”等，我就不一一细说了。

如你所见，这些解释简直五花八门，代表各种奇思妙想——但是请注意，它们几乎都有数学上严格的理论形式，都做得很漂亮，而且简直奇迹一样，它们都符合量子力学的实验结果。

“对量子力学的解释”，是人类智力的一大壮举。你要是去一个荒岛过几个月没有互联网和电视的日子，不妨带上这些解释的论文，没事儿拿出来一篇把玩其中的精妙思想，也是一大乐趣。

但是这些解释真的很不一样。而且它们也不是完备的，像“电子到底是什么”这样的问题，仍然没有答案。真相到底是什么呢？只有留待未来的实验去证明和筛选，由未来的天才把这一切综合起来，给出一个让人不得不服的解释。

## 问答

**un&happy:**

“物理定律的作用是符合实验，而不是寻求真相”这句话应该怎么理解？符合实验，不就是找到真相了吗？

**王保安：**

感觉超级决定论无法证伪，因为你再怎么证明他是错的，他还是可以说你这个证明也是早在计划之中的。那它是一个科学理论吗？

**万维钢：**

从逻辑上来说，符合实验只是说找到了阶段性的真相，而不是最终的那个真相。这个问题涉及科学到底是干什么的。我们在前面的一次问答中说过，科学并不研究世界的“本质”，科学只是总结世界运行的规律。

我给你打个比方。现在有个特别有意思的网络游戏，玩家在游戏里创建角色，打怪升级，搜寻宝物，积累钱财，还可以交朋友、加入组织，也要为生存奋斗，也要积累声望。一个小男孩和一个小女孩正在谈论这个游戏。小男孩绘声绘色地讲了自己在游戏中的种种经历，说他一开始什么都不会，经常被敌对阵营的人欺负，后来找到了一些规律，渐渐地会玩了，在一次次的战斗中成长，现在是一个高手。他滔滔不绝地讲了很多战斗技巧。他对小女孩说，你知道吗？这个武器的伤害输出是多少多少，防御能力比较弱，但如果是对战魔法类的职业就不用计较防御……

小女孩问小男孩，这些你是怎么知道的？

小男孩说，有些是在攻略中看到的，但是很多细节攻略里没有，是我自己总结的。比如你知道野外生物在多远的距离上会对你产生敌意吗？我做过一个实验……小男孩一直说一直说。小女孩突然说，可是那些都是游戏公司设定的啊！他们想怎么设定就怎么设定。

没错，小女孩说得对。在这个故事里，小女孩说的是真相，但小男孩是个科学家。这有两个原因。

一个原因是科学理论可以预言实验结果。你总结一套规律，这个规律可以用于新的现象，这很有用。量子力学认为单个粒子的行为是随机的，无法预测，这对科学哲学是一个重大冲击，但是因为量子力学可以计算一个精确的概率，它仍然可以预测一大堆粒子的集体行为，所以它仍然是科学理论。

另一个原因是我们不能对无法验证的事情下断言。小女孩说的的确是真相，但是以玩家在游戏之中的体验而论，小女孩的理论没有办法验证，也就是不可证伪。不可证伪的理论不能预测实验结果。可能有些人会认为这样的理论也很有用，毕竟能给人提供想象和安慰，但是科学这个业务不研究这些。

所以“科学”不是“正确”的代名词，科学不研究真相。科学研究的是可以预测实验结果的理论。

量子力学可以让我们体会一下科学的边疆。量子力学现在有十几种解释，因为没有实验能证伪这些解释，我不敢说它们中有哪个是错的。哪个解释如果想要脱颖而出，率先得到拥护，就必须提出一个现有的量子力学理论没有发言权、其他的量子力学解释作不出或者作出错误预言的实验，然后做这个实验，得到它预言的实验结果。

问题是你得能找到并且做成这样的实验才

行。与很多人的直觉相反的是，“多世界解释”和“超级决定论”这种，虽然听起来很“哲学”，但其实是有实验预言的。

多世界解释预言，总会有一个世界里，有个人会遇到特别巧的事件，以至于根本就不能用概率论解释。这是一个著名的思想实验，叫“量子自杀（Quantum suicide）”。我们设想把薛定谔的猫换成一个人，或者干脆连毒药都省了，直接用一把“量子手枪”。这把枪里面有个量子力学机制，每次扣动扳机，都有 50% 的可能性射出子弹把人打死，50% 的可能性只发出一个声响而不发射子弹。

一个物理学家拿着这把枪对准自己的太阳穴，每秒钟扣动一次扳机。只要手枪击发，物理学家就等于自杀了。

好，如果只有一个世界，手枪击发与否是个概率为 50% 的事件，那么我们可以想见，物理学家这么玩早晚会把自己打死。

但如果多世界理论是正确的，那就是每次开枪都把世界分叉成了两个，其中一个里面的物理学家死了，另一个里面的物理学家活着——不管开枪多少次，总有一个世界里的物理学家是活着的！对吧？

如果现在有一个物理学家，对自己连着开了很多很多枪，发现自己居然还没死，他首先可能会觉得这只是巧合。于是他接着又开了很多很多很多枪，发现自己仍然活着！他会告诉自己，世界上没有这么巧的事情！我一定是那个一直都被分叉到了“活”的世界里的那个幸运儿！由此我判断，多世界理论是对的。

当然，如果再多开一枪，他还可能会死——但是他的一个分身，会继续活着。多世界理论和概率理论的关键区别就是，多世界理论认为永远都一定会有一个分叉中的物理学家是活着的，而概率理论认为那个可能性太小了。

量子自杀实验的麻烦在于我们很可能不在那个幸运的分叉世界之中，没有哪个物理学家敢这么做实验。

但是如果你遇到了一系列特别巧合的事

儿，你对多世界解释的信心就应该增加。

而且巧合会让我们对超级决定论的信心减少。比如我做了一个量子纠缠实验，我的结果，根据贝尔不等式，说明光子之间有超距作用。我对自己说，这其实只是一个巧合，是物理定律安排我在那个时刻选择做实验，那两个粒子也是被安排的。第二天，我当众指着一块大石头叫了一声："落！"石头就落了下来。我对自己说，这也是一个巧合，一切都是被安排的。第三天、第四天，我每次做量子纠缠实验都得到了同样的结果。

那我就会反思一下自己的人生。这么巧吗？一切都是安排好的？难道物理定律对我有什么偏爱吗？不能啊！不管这时候超级决定论怎么安排我，我都会降低对它的信心。

# 19. 宇宙如何无中生有

因为退相干速度太快，你不会在宏观世界看到量子叠加态。那么量子力学的那些“量子的”性质——叠加态、随机性、量子隧穿这些东西——对宏观世界有什么用呢？其实物理学家一开始也不知道。惠勒有一句话是这么说的：“遇见量子，就如同一个来自边远地区的探险者第一次看见汽车。这个东西肯定是有用的，而且有重要的用处，但到底是什么用处呢？”[1]

这一节开始，我们来介绍一些量子力学的一

个。咱们先说最大的一个：宇宙。

我们的宇宙是现在这个样子，可能多亏了量子力学。

***

只要喜欢思辨，哪怕没有任何现代化的观测手段，单凭仰望星空，你也能问出一些有意思的问题，而且你还可能猜到答案。比如说，古代所有哲学家可能都思考过这个问题：宇宙的万事万物都是从哪儿来的？古人给过各种答案，但是我敢说，最接近现代科学的答案，来自中国东汉末年的年轻的天才，曹操的女婿，何进的孙子，著名的玄学家，何晏。

何晏的推理差不多是这样的。万事万物各有各的形状、颜色和声音，但是从概念分类来说，应该是越高级就越有普遍意义，越单一化；越低级就越具体，越多样化。比如鸡和鸭，你知道是什么样子；但要是说“鸟”是什么，形象就不具体了；再往高走，“生命”是什么？你就根本想不出一个形状来。那么以此类推，万物的总起源，必定是一个没有形状、颜色和声音的东西。

这个最高级的起源也好，宇宙的规律，也就是“道”也好，必定是“无”。何晏说：“有之为有，恃无以生；事而为事，由无以成。”

这比希腊神话说的“混沌生了大地女神盖亚”、希腊哲学家泰勒斯说的“水是万物之源”是不是高级多了？如果万物起源于水，那水又是从哪儿来的呢？事实上，现代科学认为宇宙包括了万事万物，而且宇宙的确有一个大爆炸式的起源：既然大爆炸之前什么都没有，宇宙的起源就的确只能是“无”。

但是你还可以接着问一个问题：“无”，是怎么生出“有”来的呢？它为什么不一直保持“没有”的状态呢？

古代哲学家不可能想明白。这就得指望量子力学了。

在所有的学说中，量子力学是唯一一个允许事情无缘无故就发生的理论。这个原子一直都好好的，为什么会突然衰变？没有原因。无中生有对量子力学来说是个日常行为，量子力学认为真空都不是真正空的，随时随地都会冒出一对虚拟粒子，然后又互相湮灭……那从“无”中冒出一个宇宙来，似乎也不是不可能。

现在物理学家对宇宙到底是怎样起源的并没有达成一致，理论模型很多，但是证据不足。咱们挑两个最著名的说法，它们都涉及量子力学。

一个是史蒂芬·霍金（Stephen Hawking）的“无边界建议（no-boundary proposal）”。1983 年，霍金和詹姆斯·哈特尔（James Hartle）提出，大爆炸并不需要一个“奇点”，宇宙的起源过程就像图 63 中的这个毽子。

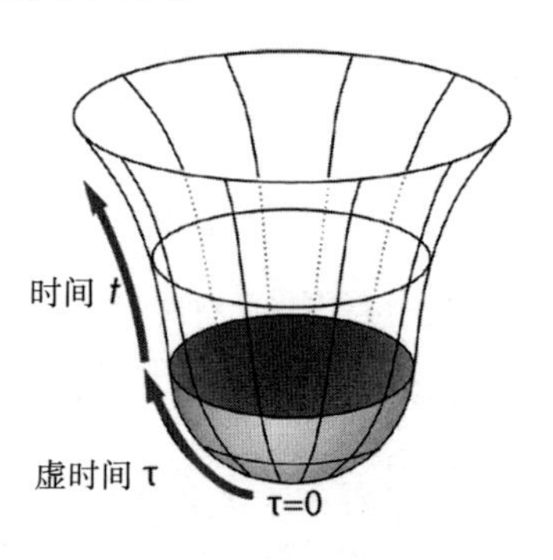


图 63 宇宙起源过程 [2]

要点是它有一个非常平滑的开始。霍金说宇

宙开始之前，只有空间而没有时间——既然没有时间，那也就谈不上什么“之前”了，这才是真正的“无”。宇宙处于一个量子叠加态，它可以有各种各样的历史，可以用一个波函数描写。然后突然之间，宇宙的波函数发生了坍缩，时间开始了。最初是虚的时间，后来变成了真正的时间，再后来才是暴涨，然后才演化出万事万物。

霍金说我们经历的只是宇宙众多可能的历史中的一个，甚至都不是可能性最大的一个。还有很多别的宇宙也无缘无故地起源了，不过它们大多数都会因为“爆”得不够好而立即消失，宇宙们就好像冒泡一样不断地起源、不断地消失——而我们这个宇宙幸运地存活了下来。

这个理论的缺点是它保留了太多的可能的宇宙，让人觉得是不是有点太“贵”了；优点则是它去除了“宇宙之前”的问题，并且提供了无中生有的机制。这两个特点都是量子力学给的。

霍金的模型在科普界比较流行，这是因为霍金善于写畅销书。其实在学术界，另一个模型可能更受欢迎。

“暴涨”理论的创始人阿兰·哈维·古斯（Alan Harvey Guth），早在1981年就提出了另一种无中生有的可能性。古斯的理论不需要对时间打什么主意，只要给一小块真空区域，就有可能爆发出来一个新的宇宙。

量子力学认为真空并不是绝对“空”的。不确定性原理要求能量在哪里都不能绝对是零——不然就成了确定的。所以哪怕在真空之中，也会有一个小小的能量涨落，该能量称为真空的“零点能”。这个零点能就是空间的最低能量。

古斯的提议是，同样是出于某种量子力学效应，某一处空间会非常偶然地得到一个比零点能略高一点的能量，大约相当于比如说原子走向了第二个能级的“激发态”。这件事本来是无害的，因为那个能量也很低，发生不了什么，这就相当于一个“假真空”（图64，图中横坐标不是空间距离，而是一个标量场）。

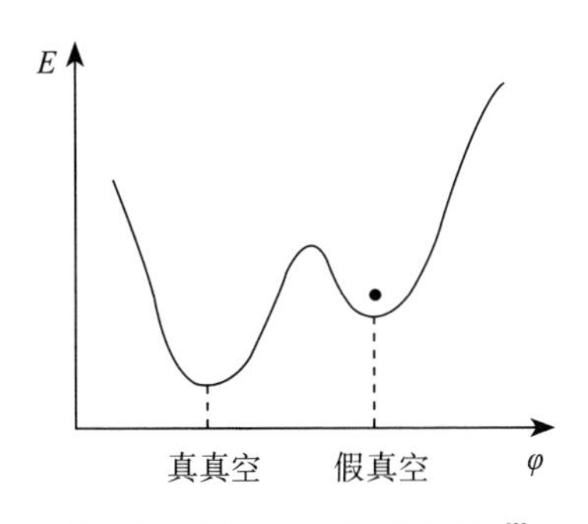


图 64　真真空和假真空的能量[3]

对空间中的这一点来说，假真空的能量相当于所有可能性之中的一个局部的最低点，而真真空的能量是全局最低点。本来假真空也比较稳定，不会变成真真空，但是因为量子隧穿效应，突然某一时刻，假真空就衰变到了真真空，结果，宇宙起源了。

空间中的这一点因为假真空衰变而获得了一点点多余的能量，这点能量提供了一个负压力，而根据广义相对论，这个负压力变成了向外迸发的“反引力”，使得宇宙开始暴涨。暴涨是比“大爆炸”快得多的过程，相当于空间各处同时发生大爆炸。空间拉开，引力提供了负的势能，那么根据能量守恒定律，空间各处就会衰变出正能量，这就是物质的起源。最早期的物质主要是光子，后来有了夸克、电子，又有了质子、中子……一直到今天的宇宙。

而这一切都起源于一次量子隧穿。按古斯这个说法，宇宙起源于真空中冒的一个泡。那你可能会说，我们今天的宇宙中大部分空间也是接近真空的啊，那万一哪个地方再冒一个这样的泡，再来一次暴涨，创生一个新的宇宙，把我们现在这个宇宙给毁了怎么办？这个别担心，真空衰变的概率是极低的，平均发生一次的间隔时间比我们这个宇宙的年龄大了很多很多倍[4]。

所以古斯的理论说量子力学让宇宙起源，量子力学还让宇宙不容易起源，而你应该向这两个特点都表示感谢。那到底古斯说得对还是霍金说得对呢？现在没有足够的证据。不管宇宙是怎么起源的，最初的暴涨都留下了一个痕迹，未来对这个痕迹做更精确的观测，也许就能找到宇宙起源的直接证据。这个痕迹就是“宇宙微波背景辐射”。

宇宙微波背景辐射来自宇宙最初的光，它给今天的宇宙各处提供了 2.7K 的保底温度，是宇宙留给天体物理学家的礼物。我们可以从背景辐射中看到很多有意思的东西，而其中最有意思的一点则是，为什么宇宙如此均匀？

其实仰望星空也能看出来这一点。抬眼望去，各个方向的星星差不多一样多，并不是所有星星都集中在一个地方。这个现象是物理学家心中的一个信仰，叫“宇宙学原则（Cosmological principle）”：在大尺度下，宇宙是均匀和各向同性的，哪里都不特殊。

其实哪怕没有其他证据，从这个“不特殊”，我们就已经可以猜到宇宙应该有一个起源了。不然的话，宇宙这么大，各个地方距离这么远，它们怎么互通信息协调，才能表现得如此相似呢？这就如同社会上有一群人，虽然分布在世界各地，想法和做法却非常相似，那你就有理由怀疑他们是有某些关联的。宇宙的均匀，说明宇宙中的物质以前是聚集在一起的。

一方面，宇宙起源学说，特别是暴涨理论，能解释宇宙的均匀性。但是从另一方面来说，宇宙要是太均匀了也不行。如果宇宙是绝对均匀的，那些基本粒子就会均匀地分布在空间各处，对吧？可是这样一来又怎么能形成那么多恒星呢？恒星是物质聚集的产物，而且根据恒星的寿命判断，它们必须在很早的时候就聚集了那么多物质。之所以这里有物质而那里没有，恰恰说明宇宙不是绝对均匀的。

于是我们的问题又变成了宇宙为什么不是绝对均匀的。我们设想，如果宇宙是无中生有于一个特别特别小的点，那单纯从对称性的角度，它的演化似乎应该是绝对均匀的才对——毕竟没有哪个地方有理由跟别的地方不一样。那这个不均匀，又是从哪儿来的呢？

答案还是量子力学。因为量子力学有不确定性，早期宇宙中所有的量子场都会有一些小小的波动涨落，正是那些小涨落造成了宇宙的不均匀。

一直到今天我们都可以从微波背景辐射中看见早期宇宙涨落的信息。背景辐射中显示宇宙早期温度比较低的地方，对应的引力场比较强，更容易聚集到物质，并且在后来的演化中形成恒星、星系乃至星系团；而温度比较高的地方，现在就更容易是空旷的区域。图 65 展示了微波背景辐射和现在星系的关系，颜色深浅代表温度的高低。

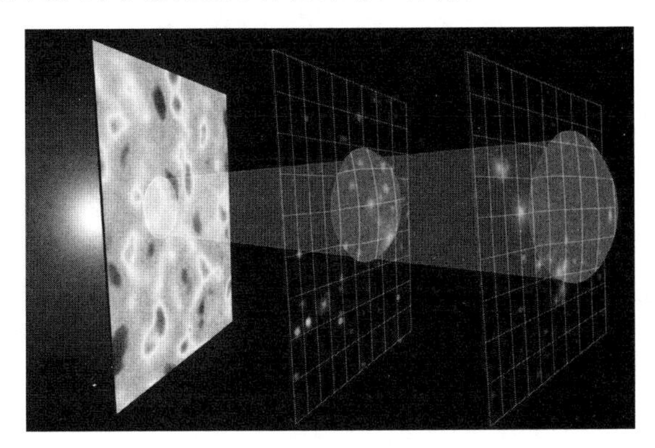

图 65　微波背景辐射和现在星系的关系[5]

微波背景辐射中的高温和低温相差多少呢？差不多是十万分之一。量子力学这个尺度拿捏得正好：涨落再大一点，也许宇宙就太不均匀了，很多物质会聚集在一起，搞不好宇宙演化都受影响；涨落再小一点，宇宙中就不会有日月星辰了。

量子力学既让宇宙起源于“无”，又让那个“无”能生“有”；让宇宙既能起源，又不会太容易起源；让宇宙既是非常均匀的，又不是完全均匀的。如果不是量子力学，我们真不知道还有什么机制能提供这么好的设定。

## 问答

**Seifer-zzg:**

“没有时间”是个怎样的状态呢？是事物的变化发展没有逻辑性吗？还是有太多的时间维度而不是遵循一个矢量方向的发展呢？物质和时间是绑定的吗？

**万维钢:**

没有时间就是方程里没有时间这个变量，就是事情不会随着时间变化。比如你打开一张纸质的地图，它有两个空间，而我们如果假设地图的这张纸不会变质，就可以认为地图是一个只有空间没有时间的东西。

如果宇宙中只有一个粒子，比如说有一个电子，因为没有东西跟它相互作用，它的运动不会发生变化，我们可以说这样的宇宙是没有时间的。只要有两个粒子，互相一作用，时间就诞生了。

不过有时间不等于有“时间箭头”，那是

另一个故事。

**照母山动力：**

为什么发生在广阔的真空中的一个局部量子涨落的一次偶然隧穿，会引起全宇宙大爆炸一般的暴涨呢？这能量从哪儿来？真希望能尽可能搞懂这个接近起源的解释。

**万维钢：**

除了假真空比真真空的零点能多出来的那一点点能量，暴涨并不需要多余的能量。宇宙暴涨的过程中各种物质出现，包括它们的动能，都是“正能量”没错；但是恰恰因为暴涨，物质之间的距离拉开，它们之前的引力势能也在增加，而引力势能是个“负能量”。正能量和负能量抵消，宇宙的总能量并不增加，仍然是0。不算量子涨落的话，宇宙的演化是一个严格的能量守恒事件。

# 20. 量子通信祛魅

怎么才能把量子力学的神奇性质应用到日常生活中呢？对此，科学家可谓煞费苦心。当然原则上只要用到原子的东西，像原子钟、激光、半导体芯片这些，都默默地用到了量子力学——但它们并不叫“量子钟”“量子光”“量子芯片”，因为它们没有直接使用像量子纠缠那样的性质。对比之下，民间流行的那些打着量子旗号的神秘产品，什么量子波动速读、量子鞋垫、量子挂坠，全都是伪科学。你如果知道制备一对相干的光子在技术上有多难，就不会相信那些东西了。

量子力学中有个技术叫“量子隐形传态（Quantum teleportation）”，原则上可以把一个量子态完美地复制到遥远的地方而不需要时间。有人据此说量子技术可以像电影《星际迷航》（*Star Trek*）里那样，把一个人瞬间隔空传输到另一个城市，这也是胡说。你要知道，量子隐形传态现在最多只能传递几个粒子的量子态，而不能传递物质本身，而且它本质上就是量子纠缠，并不能做到超光速的信息传递。

而在中国引起强烈关注的“量子通信”，则是一个真技术。因为中国在量子通信上的领先地位，有人说量子通信能改变世界，甚至是“第四次工业革命”的一部分——但是也有人认为量子通信没什么用。在我看来，很多争论都是因为人们不了解原理。这一节我们来看看量子通信的底层原理，相信你了解之后自己就能作出判断。

这里面有个精妙的想法。

***

量子通信要用到量子纠缠，而我们已经一再强调，量子纠缠本身并不能传递信息。我们设想有一对纠缠的光子，分开很远，两个人各自测量一个。根据约定俗成的习惯，他们一个叫爱丽丝（Alice），一个叫鲍勃（Bob）。爱丽丝和鲍勃选定了一个共同的空间方向，0 度角，一起测量各自光子的偏振态。

光子原本是处于“水平”和“垂直”两种偏振的叠加态，而根据“鬼魅般的超距作用”，任何一个人的测量，都会让两个光子波函数一起坍缩。如果爱丽丝测量到自己这个光子是处于水平态，她立即就可以得知，鲍勃那边测量的也是水平态。而你知道爱丽丝并不能用这个方法向鲍勃传递信息，因为她无法控制测量结果。水平态还是垂直态的结果是完全随机的，两人只是共同收听了一个信息，就好像他们都看到世界杯现场直播进球了，但是进球这个信息不是他俩能决定的。

不过这个共同收听到的信息也很有用，可以用来做密码本。只要爱丽丝不断地制造纠缠光子对，自己记录一个鲍勃记录一个，水平态记为“0”，垂直就是“1”，两人就有了一大串共同的，而且是随机的“0100011001111……”这样的字符。做一个简单的转换，这段字符就可以代表比如说[1]“把这个字母向前走 4 位，向前走 6 位，向前走 7 位……”通过这么一个加密解密操作，这就是两人共同的密码本。

有了密码本，爱丽丝就可以把自己想说的话按照这个操作加密。她再通过普通的渠道，比如说发微信或者发邮件，把加密的信息传递给鲍勃，鲍勃收到后再用同一个密码本解密。因为密码本中的操作是完全随机的，而且二人只用一次，所以这就是一次绝对不可能被破译的保密通信。

密码本是“收听”来的，量子纠缠只允许收听，真正的消息需要用另外的、传统的、不超光速的方式传递，这一点非常重要。这就是量子通信的核心思想。量子通信是个收听密码本——而不是传递消息——的方法，学术上叫作“量子密钥分发”。

但是实际操作不能这么简单，因为鲍勃无法确认他收到的光子跟爱丽丝的光子是不是纠缠的。他们还需要一个验证机制。

最早的量子密钥分发协议是1984年查尔斯·贝内特（Charles Bennett）和吉勒·布拉萨（Gilles Brassard）发明的，现在叫“BB84协议”。我们这里介绍一个牛津大学的亚瑟·埃克特（Artur Ekert）在1991年发明的协议，叫“E91协议”，其实所有这些协议的本质都差不多。

为了验证纠缠，爱丽丝和鲍勃要时不时地改变一下测量方式。本来两个人都是在0度方向上测量光子的偏振，现在爱丽丝要随机地选择一些时候，在比如说向右偏转30度的方向上测量，鲍勃则随机地选择一些时候在向左偏转30度的方向上测量。这就相当于我们前面说的“戴眼镜观察乒乓球”，我们知道，只要二人中有一个偏转了，他们的测量结果就对不上。

对不上没关系，爱丽丝可以给鲍勃打个电话，告诉他，自己只在比如说第1、2、5、8、9、11、12、13、17……这些次测量时用的是0度角，其他时候用的是右偏30度角；鲍勃则告诉爱丽丝，自己只在第 2、3、4、6、8、10、11、12、16、17……这些次测量时用的是 0 度角，其他时候用的是左偏 30 度角。不管怎么随机，总会有一些时候，两人用的都是 0 度角，那些测量还是能对上的。这么一比对，两人知道，第 2、8、11、12、17 这些次的测量，两人都是用的 0 度角，他们的读数应该是一样的——这些读数就是共同的密码本。

这么做的好处是能验证量子纠缠，而且不怕窃听。

爱丽丝给鲍勃打的这个电话是不怕窃听的，哪怕公开都没关系。这是因为两人这里交流的只是观测位置，而不是观测结果，观测结果只有二人自己知道。

那二人使用的那个量子纠缠的光子，会不会被人——按照习俗这个人叫伊芙（Eve）——给拦截了呢？拦截了也就拦截了。光子一旦遭遇拦截就被吸收了，信号中断，而任何通信都有可能被敌人阻断，这没办法。真正需要担心的是伊芙会不会一边拦下爱丽丝发来的光子，一边给鲍勃发一串“假”光子，让鲍勃不知道信号已经被第三方复制了，这也就是“窃听”。

但是伊芙发射的光子不会跟爱丽丝的光子纠缠！只有来自同一个源的两个光子才能纠缠。只要鲍勃和爱丽丝确保两人收到的光子是纠缠的，他们就知道没有被窃听。那他们怎么知道呢？

当然是利用贝尔定理。两人可以随时比对一下在二人都使用了偏转角度测量的时候，那些测量结果的协调程度，是否违反了贝尔不等式，就知道有没有量子纠缠了。

这就是量子通信的好处：它不可能被窃听，具有绝对的保密性。

***

要在技术上实现这一切，特别是远距离传输保持纠缠态而没有发生退相干的光子，是非常困难的。由美国国防部高级研究计划局（DARPA）资助，在 2004 年到 2007 年之间，哈佛大学和波士顿大学等地连接起来，建成了一个量子通信网络。欧洲在 2008 年、中国在 2009 年都建成了量子通信网络。特别是中国科学技术大学潘建伟研究组做成了世界最长的量子通信线路，而且还实现了卫星传递，可以说是世界最强的量子通信网络。

但要说量子通信会像人类发明蒸汽机、电力、计算机一样，成为“第四次工业革命”，能改变世界，我看是言过其实了。量子通信解决的问题仅仅是保密而已。信息的加密解密在历史上曾经起过重要作用，“二战”时动不动就是英国破解了德军密码、美国破解了日军密码，但是今天，密码的安全性并不是问题。

今天的人们使用数学家发明的“公共密钥”，并不需要专门传递一个什么密码本。你听说过现代有什么破译了密码的事情吗？公共密钥体系是一套软件，是一个非常安全的系统，因为它依靠的是数学！现在让一个本来就十分安全的东西变得绝对安全，这能算改变世界吗？

现代真实场景中的泄密可以发生在各个环节，最常见的还是间谍，是人犯了错误，是人的疏忽，而不是技术问题。加密技术是保密环节的长板，而不是短板。

很多人推崇量子通信是因为公共密钥体系有可能会被“量子计算”破解。现在最广泛使用的公共密钥叫“RSA”，这个系统之所以安全，是因为它是基于分解两个超大质数的乘积。把两个大数字相乘，这个运算对计算机很容易，但是有了乘积，让你把它分解成那两个大的质数，对现有的“经典”计算机来说就非常困难——加密容易解密难，靠的就是这一点。而即将出现的量子计算机恰好特别擅长分解质因数，不正好用来解密吗？

所以这个逻辑是，量子计算机将是现有加密方法的威胁，而为了应对这个威胁，我们必须抛弃RSA体系，使用量子通信，确保绝对的保密。

也就是说，量子计算可能会改变世界，量子通信的作用是确保世界不被改变。

但是这个逻辑也是不成立的。根据最乐观的估计，量子计算的确有可能在5年之内威胁到RSA的安全性，可数学家并不是只有RSA这一种加密方法。有很多加密方法即使在理论上，也不怕量子计算机。“后量子时代”的加密算法已经出来了。

光是美国国家标准和技术研究院正在评估的加密算法，就有 69 种[2]。

量子通信是一个精巧的、理论上能绝对保密的分发密码本的方式，但是真谈不上改变世界。能把相干态传输那么远，这个技术本身很厉害，但是要想改变世界，我们必须发掘它别的用处。

## 问答

**色子曰：**

为什么伊芙接收到爱丽丝发出的纠缠的光子会被吸收，而鲍勃接收到却可以收听到里面的信息呢？

**stone 扎西华丹：**

波函数不是什么都知道吗？有没有可能做一个巧妙的实验，让波函数在 99% 不吃掉光子的情况下获知光子的偏振方向呢？有没有一个原理从根本上杜绝这个可能性?

**万维钢:**

这个细节是这样的。我们要测量一个光子的偏振情况，一般是使用一个叫作“格栅”的东西，你可以把它理解成宏观看像眼镜、微观感觉像百叶窗的一个东西。假设格栅处于水平方向，那么一个水平偏振的光子会100%通过格栅，一个垂直偏振的光子会通不过、也就是会被格栅吸收，而一个在其他方向偏振的光子则会以一定的概率通过。

所以伊芙原则上不会吸收掉爱丽丝发出的所有光子，有一些会通过。通过了伊芙的光子，鲍勃再测一遍，如果他们用的测量方向相同并且正好是水平或者垂直方向，鲍勃将得到确定的、同样的结果——但是这个不叫窃听，因为只有一部分光子可以通过伊芙，鲍勃和爱丽丝对不上，伊芙破坏了爱丽丝和鲍勃的协调。

波函数什么都知道，但是我们跟波函数对

话只能得到坍缩之后的信息，我们不能什么都知道。我们不可能在不破坏一个量子态的情况下复制到这个量子态，这叫量子不可克隆定理。

# 21. 量子计算难在哪儿

你现在是否同意这一点？量子通信并不能改变世界——它甚至都不能改变“通信”，它最多只能用来做一个备用的加密手段。那么，“量子计算”能改变世界吗？

现在说还是太早了。我不知道量子计算能不能改变世界，但是我觉得量子计算的确可以改变“计算”。不过，我看有些报道已经把量子计算机说成了“下一代”计算机，好像要掀起一场革命，完全取代现有的计算机一样，这是根本不了解情况的说法。不管怎么发展，在可以想见的未来，管理你银行账号的，将不会是量子计算机。

量子计算机并不是下一代计算机，而是“另一种”计算机。它的使命不是取代传统计算机，而是去完成一些特殊的任务。如果有人说“机器人对战”将会取代现在的拳击比赛，我认为这不管对不对，至少是符合逻辑的；但要是说机器人对战能取代“体育”，那就是既不懂机器人对战，也不懂体育。

有时候只要抓住一个事物的特点，就能对它的宿命作出一定的判断。技术的确在不断进步，但是有些根本的特点永远不变。

量子计算的特点，既是它超凡的优点，又给它带来了难以克服的困难。

***

量子计算，是利用“量子叠加态”做计算。

传统计算机的最小信息单位叫“比特（bit）”，一个比特上的信息或者是 0，或者是 1。不管是早期计算机的电子管开关也好，还是现代计算机的晶体管电压高低也好，都是用物理方法描写 0 和 1 这两个状态。把 0 和 1 的开关操作连接在一起做成逻辑门，再把逻辑门连接成 CPU，这样一层一层搭起来，就组成了计算机。

量子计算的最小信息单位，则叫作“量子比特（qubit）”，它可以是 0，可以是 1，更可以既是 0 又是 1：它可以处在 0 和 1 的量子叠加态。现在你对叠加态已经很熟悉了，比如一个量子比特的态函数是：$|\Psi\rangle = \sqrt{0.3}\,|0\rangle + \sqrt{0.7}\,|1\rangle$，那么它就有 30% 的可能性被观测成 0，70% 的可能性被观测成 1。传统的比特只能代表 0 或者 1，而量子比特则可以既代表 0 又代表 1。这是一个重大的好处。

比如我们考虑 3 个比特，它们的状态可以是 000、001、010、011、100、101、110、111 等 8 种。每 3 个传统比特可以代表 0 到 7 这 8 个数之中的一个，比如说 011 = 3。你要想把 8 个数都写下来，你需要 $3 \times 8 = 24$ 个比特，对吧？

但是 3 个量子比特，却可以代表从 0 到 7 这 8 个数中的每一个。使用态函数 $|\Psi\rangle = a_0|000\rangle + a_1|001\rangle$

$+\cdots+a_7|111\rangle$，它有一定的概率被观测到其中任何一个状态——也就是 0 到 7 中的任何一个数字。而你只需要 3 个量子比特。

这就是量子计算的最根本优势。3 个量子比特可以代表 8 个数，N 个量子比特可以代表 2N 个数。这是不可想象的力量！只要用上几百个量子比特，就能代表比宇宙中所有原子还多的数。

传统计算时，是把数字一个一个地算，而量子计算则是把这些数一起算。比如你有 32768（$32768 = 2^{15}$）个事物要做同一种计算，你要用 32768 个数字代表它们。传统的计算机，你需要至少 15 个比特代表其中一个数，理论上你要对 15 个比特做 32768 次同样的操作。而如果你有 15 个量子比特，你就只需要对它们做一次操作！

那你可能会问，量子叠加态不都是概率吗？一次操作的结果怎么能保证代表性呢？这就是为什么我说量子计算只适合特定的问题。

哪怕你只有一个量子比特，你也可以做一件传统计算机根本做不了的事情：生成真正的随机数。传统计算机都是使用数学算法，算出来的都不是真的随机数，而是所谓“伪随机数”，随机数生成得太多了，还是有可能被人抓到规律。量子力学里的随机是真随机，具有绝对的不可预测性。所以量子计算机最直接的用处就是模拟量子力学过程。最早提出量子计算机设想的人是费曼，而费曼的建议就是用它去模拟量子力学过程。

但是模拟量子力学过程可不容易赚到钱。你得能做人们很想做、传统计算机又很难做的事情才行。1994 年，麻省理工学院的数学家彼得·秀尔（Peter Shor）发明了一种用量子计算机分解质因数的算法，叫“秀尔算法（Shor’s algorithm）”，它比传统计算机最快的算法要快得多。[1] 传统算法是使用一个聪明的办法把可能的质因数一层层地筛选出来，而秀尔算法则是同时尝试所有可能的质因数——错误的答案在这个量子力学体系中会发生相消干涉，自动留下正确的答案。

1996 年，计算机科学家洛夫·格罗弗（Lov Grover）又提出了“格罗弗算法”，能以很高的概率，从一大堆可能的输入值中快速找到能得到特定输出值的那个解。传统计算机面对这个问题只能把那些输入值一个一个地试，而量子计算机却可以一起试。

人们从此开始严肃对待量子计算机，因为这些算法意味着量子计算机可以用比传统计算机快得多的方式破解现行的加密系统，比如现在最流行的 RSA 公共密钥体系。当然，正如我们上一节所说，RSA 只是加密方法的一种，传统加密并不真的害怕量子计算机，但是人们需要的仅仅是一个借口。量子计算机这么好的东西肯定有用，你需要探索精神。

以我之见，量子计算机最擅长的是给你出一个概率结果，最适合的则是面对一大堆可能性——传统计算机必须一个一个做重复运算的时候，量子计算机可以同时对所有可能性做运算。

科研中有大量这样的事情，比如说物理学家可以用量子计算机模拟复杂的物质结构和气体运动，化学家可以用它模拟大分子的行为和化学反应，而这可以用在比如说生物制药上。事实上，现在化学家已经成为第一拨用量子计算机干实事儿的人[2]。在企业界，空中客车公司已经在用量子计算机寻找飞机起降的最优路径，大众公司在用它优化城市交通路线，谷歌公司则把它用在了人工智能上。

而这些计算模拟只能给你一个“大致的”结果。我们已经习惯了传统计算机的精确性，但是量子计算机通常只给概率。每一次运算完毕，当你读取运算结果的时候，系统的总波函数会坍缩到一个特定的值，所以做一次是不够的。用量子计算机做模拟就好像用电子做双缝干涉实验一样，你必须把运算做上成百上千次，从所有的结果中找一个统计规律。当然，考虑到量子计算的巨大优势，多算这么多次也还是非常有优势的。

为了得到一台量子计算机，你必须能稳定地制备若干个量子比特，让它们之间保持相干性，然后把它们连接成量子逻辑门，然后把逻辑门封装成处理器——相当于传统计算机的 CPU。科学家很厉害，谷歌公司已经把量子处理器做出来了。

截至 2019 年，谷歌公司的量子处理器有 53 个量子比特。它们是用超导金属实现的，两个能级代表 0 和 1，用芯片连接在一起。为了保持超导特性和量子相干性，这个芯片要放在一个低温恒温器里，保持接近绝对零度的温度。整套设备的体积，能占据一个小房间。

这可是整整 53 个量子比特啊！谷歌公司用它们做出了一个里程碑式的成果，叫作“quantum supremacy”——有的中国媒体把它翻译成“量子霸权”，好像谷歌公司在量子计算领域可以制霸全世界一样。其实不是那个意思，这个成果准确来说应该叫“量子优越性”，意思现在终于在这么一个问题上，量子计算机做得比传统计算机好。

谷歌公司专门为量子计算机定制了一个问题：想象我们有一组极多的随机数，把这些随机数的组合进行 100 万次某种操作之后，结果将会满足一个特定的概率分布，请问那个概率分布是什么？传统计算机做这件事必须一个一个算，哪怕用最先进的超级计算机也得算上 1000 年；而谷歌公司这台量子计算机因为可以把所有的随机数一起算，因此只需要 200 秒[3]。这个问题对真实生活没什么用，但是它的确证明了量子计算机的优越性。

这仅仅是开始。传统计算机的发展有个摩尔定律，说计算机算力随着时间会成倍地往上翻。美国量子人工智能实验室（Quantum Artificial Intelligence Lab）的主任哈特穆特·尼文（Hartmut Neven）提出了一个“尼文定律”[4]，说量子计算机算力的增长要比传统计算机快得多，是双指数增长：1，$2^{2^1}$，$2^{2^2}$，$2^{2^3}$，$2^{2^4}$……这样，也就是说，可能你昨天还感觉不到它的存在，明天它就已经改变世界了。

但是先别太乐观，量子计算有一个让一些人感到很悲观的重大缺陷，那就是纠错。

因为退相干的问题，量子计算实在太容易出错了。像谷歌公司这个量子优越性的演示，最后结果中只有1%是有用的信号，剩下99%都是噪声，这样的信噪比对传统计算机而言是不可想象的。

只要是计算，就有一个纠错问题。传统计算机的纠错方法是制造冗余，比如这段信息只需要3个比特，那我用9个，左右两边各做一个备份，读取信息的时候少数服从多数。可是量子计算里不能这么做——因为量子比特不可复制。这里面有个“量子不可克隆定理”，是说如果你要复制一个量子态，就必须破坏这个量子态。

科学家还是找到了能在不观测量子态的同时判断它是否出错的方法：对每一个真正做计算的“逻辑量子比特”，都要用若干个辅助的量子比特去跟它重重纠缠。借助巧妙的设计，你可以通过观测一个辅助量子比特来判断那个逻辑量子比特是否出错了，出错了就用微波把它翻过来。[5]

这个原理说着简单，但是在应用上有惊人的困难。你要真想把用秀尔算法破解 RSA 体系这件事实用化，考虑到逻辑门的搭配，大约需要 1000 个逻辑量子比特——而为了保证出错率足够低，你必须为每一个逻辑量子比特配备 1000 个辅助量子比特。这就意味着你这台量子计算机得有 100 万个量子比特。100 万对传统计算机来说是个小数，但是对量子计算机可就太难了。如果纠错方法没有突破，真正实用的量子计算将会遥遥无期。

所以有人说得好：“纠错不是量子计算的下一步，而是下 25 步。”

跟玻尔、爱因斯坦那一代人相比，我们已经很幸运了，我们看到了量子力学后来的进展——而我们还需要再幸运一点，才能看见带有“量子”这两个字的产品真正改变世界。

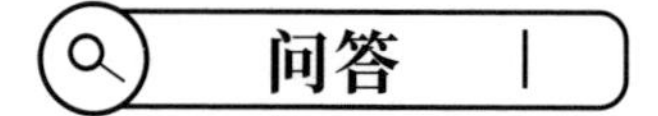


**Aaron：**

如何证明真随机？

**万维钢：**

从密码学和博弈论的角度，随机能给人安全感。但到底什么是随机，给一串数字怎么知道它是不是真随机，这在哲学和数学上都是个大问题。

从供给侧来说，我们相信量子力学过程的观测结果是真随机。这也是目前唯一一个被普遍认可是真随机的自然现象。当然这个“普遍”是有限度的，这其实只是一个“相信”而已。我们讲了量子力学的各种门派的解释，凡是支持“隐变量”的解释，都不承认量子力学里有真随机，那也就等于说认为世界上就没有真随机——这一派认为世界上没有任何事情是无缘无故发生的、完全没有规律的。

但只要你不像哲学家那么较真儿，很多自然现象都可以认为是真随机。比如每秒钟到达地球表面一定范围之内的宇宙射线的数量，就可以认为是一个真的随机数。我们自己在家里抛个硬币，也可以算作随机。

而对比之下，以前的计算机因为只能执行数学算法，而数学运算里没有随机性，就只能生成一些看起来很像随机数的东西，称为“伪随机”。有各种各样的伪随机算法。现在据我所知，哪怕是普通的个人电脑里，也有一个内置的随机数发生器，它用的是一个物理过程而不是数学算法，可以说现在的电脑都能生产真随机数。所以供给侧产生随机数不是问题。

但是从接收侧来说，给你一段数字，你怎么判断它“够不够”随机，这其实是个难题。我们直觉上感觉“0100011001101”比较随机，而“1111111111”很不随机——可如果是一段足够长的数字，其中没有像“1111111111”这样连续出现的1，那恰恰证明它不是真随机。因为真随机过程可以出现任何可能性：这过分的不整齐恰恰就是一种整齐。

既然在供给侧都不知道世界上有没有绝对的真随机，我们在接收侧就更不可能判断哪个数字串是绝对的真随机了。我们能做的只是大致地看一看这串数字“够不够”随机。

有一期《呆伯特》漫画说有一个“人体随机数生成器”，让他给几个随机数，他给的是“9、9、9、9、9、9”。这真的随机吗？答案是这就是随机性的问题所在：你永远都不能肯定。

不过科学家和工程师们还是找到了一些办法来验证，一切都是概率。我理解这个核心判据是“这么巧的事儿，发生的概率能有多大”。如果一个人一买彩票就中大奖，连着中了十次，你可以合理推测，这不太可能是随机的。如果一个物理学家做量子自杀实验发现自己怎么都死不了，他就会推断，量子过程不是随机过程，多世界解释才是对的。

最直观的办法是把数字可视化。大脑看一个图形很容易看出来是不是随机的。如果有一点点规律，你会敏感地抓到。

最简单的办法则是测量一下这段数字的“信息熵”，如果信息熵太低，那就是太有规律了，不够随机。

复杂的办法则是使用各种测试软件，搜索“Randomness tests”可以找到它们。这些软件的设计思想各不相同，而且不可能是完美的。

# 22. 量子佛学

本来你正在紧张地工作，也不知怎么了，在毫无征兆的情况下，突然想起了一个人。你想给她发个微信问候一下，结果刚拿起手机，就收到了她的问候。你们二人真是心意相通。你觉得这种“心灵感应”的现象，跟“量子纠缠”有没有关系？

有一天你在一个陌生的城市中闲逛，走着走着迷路了。前方有条小巷，你突然有一个强烈的预感，穿过那条小巷就能回到主干道上，结果果然是这样。这个经历会不会让你想到波函数那个超越空间的感知能力呢?

打开微博，你看到人们正在热议“女权”。本来你对女权没什么看法，你妻子以前跟你讨论，你说各方都有道理。但是今天有一条微博激怒了你，你发表了措辞强硬的评论，路人纷纷给你点赞。放下微博，你对妻子说，我现在是一个坚定的女权主义者！你妻子说，不对啊，你不是不感兴趣吗？你一想，是啊，我本来没立场，我头脑中有几种相反的想法，怎么就突然变成坚定立场了呢？难道我的“女权波函数”坍缩了吗?

遇事不决的时候，你是否想起过量子力学?

量子纠缠能影响人的意识吗？犹豫不决的想法是量子叠加态吗？大脑里有波函数的干涉吗？量子力学的神奇性质，跟生命有关系吗?

***

中国科学院院士朱清时，猜测量子力学跟人的“真气”，跟种种神秘主义现象，甚至跟佛学很有关系。他有一句名言：“科学家千辛万苦爬到山顶时，佛学大师已经在此等候多时了！”[1] 朱清时把从量子叠加态到波函数坍缩的过程跟《楞严经》讲的“性觉必明，妄为明觉”联系起来，认为“《楞严经》最早、最清楚地把意识和测量的关系说出来了”。

他说：“很可能意识或是‘真气’这种东西，实际上是量子力学现象，用经典物理学的电学、磁学及力学方法去测量，是测量不出来的。量子力学现象的一个主要状态，就是刚才说的量子纠缠……”

朱清时还引用了剑桥大学教授罗杰·彭罗斯（Roger Penrose）等人的理论，说明有科学家正在关注量子力学和意识的关系。

朱清时说的对吗？我们这本小小的图书不能把你变成物理学家，但是能让你在面对这种问题的时候有一个最起码的直觉。你的直觉应该是量子力学跟佛学没关系。

量子很小，人很大。人体的一个细胞里大约就有 $10^{14}$ 个原子，细胞是非常宏观的东西。大脑就更宏观了，这么大的东西，任何量子态都会像我们前面说的薛定谔的猫一样迅速发生退相干，你很难想象有什么干涉和纠缠能让人感知到……当然，这些只是我们的直觉判断。也许生命就是如此神奇，其中就是有量子力学机制呢？

当然可以有。但是我们作为智识分子说什么都得有点最起码的思辨和依据，不能信口开河。根据当前科学理解，量子力学和生命的关系，是个什么状况呢？

凡是谈论“量子佛学”的，必定会提到彭罗斯，咱们最好先搞清楚彭罗斯说的是什么。彭罗斯是跟霍金齐名的物理学家，他的一本《皇帝新脑》（*The Emperor's New Mind*）在中国流行多年，但是没有几个人真看懂了。彭罗斯没说量子力学给佛学找到了依据，没说量子纠缠能解释心灵感应，没说波函数是人的灵魂，也没说真气。

彭罗斯关心的，是人的意识问题。

意识是人主观的体验和感受。比如看见红色的时候，你并不像机器人一样确认接收到红色光谱就完了，你会有一个感受。那是一个说不清道不明的感觉。如果一个盲人从来没看到过红色，你怎么都无法用语言向他描述“红色”这个感受。再比如说当你饿了的时候，你的大脑不会仅仅生成一个“饿了”的信号就完了，而是会感到一种痛苦。为什么要有这些主观感受呢？这些感受是从哪儿来的呢？

意识问题并不像朱清时说的那样“是被科学拒之门外，唯恐避之而不及的东西”，而恰恰是无数科学家和哲学家孜孜以求，想办法解决的问题。但它是一个难题。

有些人认为意识是不受物理定律左右的、独立于物质世界之外的东西。有的人认为波函数坍缩必须用到人的意识，对此我们已经分析过了，我们不赞成这个说法。现代物理学家更多的是认为波函数坍缩是测量仪器的信息决定的，跟有没有人没关系。但是通过“维格纳的朋友”这个思想实验，我们的确发现波函数有可能是一个“主观”的东西。

而意识正好也是主观的，那就算不是意识让波函数坍缩，意识跟波函数之间似乎也可以有关系。比如说，能不能是反过来的关系：是波函数决定了人脑有意识呢？

这就是彭罗斯的立场。彭罗斯并不是说意识不服从物理定律，他说的是意识不能用量子力学之前的、那些经典的、确定性的物理定律解释。彭罗斯说的是人脑不是一台传统计算机：因为波函数坍缩这样的事情具有不可计算性，那么只要人脑的功能涉及量子力学过程，人脑就是不可计算的，你就不能用传统计算机去模拟人脑。

但是你也许可以用量子计算机结合传统计算机一起模拟人脑。彭罗斯和别人争论的问题仅仅是——大脑里有没有量子力学？彭罗斯的立场人畜无害，跟神秘学、超自然现象一点关系没有，纯粹是一个自然科学问题。

那大脑里有量子力学吗？

安全的答案是，没有。

从 20 世纪 80 年代到 90 年代，彭罗斯先后在《皇帝新脑》《意识的阴影》（*Shadows of the Mind*）这两本书中提出猜想，人体细胞——包括脑神经细胞——的细胞质之中存在一些微小的结构，称为“微管（microtubules）”，也许小到了足以容忍量子叠加态的程度。

如果大脑神经细胞中有量子叠加态，那么神

经信号也许就在一定程度上是个量子过程，那么大脑的一些想法变化，也许就是波函数坍缩导致的“协调的客观还原（orchestrated objective reduction）”。

但是直到现在，这个猜想都没有得到证实[2]。支持彭罗斯这个猜想的人很少，反对的很多。新一代的物理学家也不买账，比如《生命 3.0》《穿越平行宇宙》（*Our Mathematical Universe*）这些书的作者，麻省理工学院的迈克斯·泰格马克就曾经做过一个计算，因为退相干的速度太快，任何哪怕是分子水平的量子叠加态，都会因为存在的时间太短，而根本来不及影响脑神经信号。

你可能觉得，是不是彭罗斯之外的科学家都太保守了？其实真不是。科学家是最希望弄个大新闻的人，你要是能发现大脑中——或者人体的任何一个机制中——有量子过程，诺贝尔奖马上给你。事实是一直有人在探索。比如 2015 年，加州大学圣塔芭芭拉分校的物理学家马修·费舍尔（Matthew Fisher）提出，细胞中普遍存在的磷原子，有可能会处于量子纠缠[3]。磷原子会参与到一种被称为

“波斯纳分子（Posner molecule）”的大分子之中，这个大分子会参与神经信号的传递。费舍尔认为，磷原子的自旋受环境的影响比较小，退相干比较慢，也许能让两个波斯纳分子保持比较长时间的纠缠。但是他这个猜想也没有得到证实。

***

量子力学很神秘，生命和意识也很神秘，你自然就容易把它们联系在一起。几乎是从有量子力学那一天开始，人们就在怀疑量子力学跟生命有没有关系。薛定谔在他 1944 年出版的那本著名的《生命是什么》里，就曾经猜想，生命现象好像比一般的化学反应高级得多，那到底高级在哪里呢？是不是因为生命会用到量子力学？

哪怕明知道量子现象的尺度都非常小，人们也在琢磨，有没有什么机制能放大量子效应在生命中的作用呢？比如说，生命遗传要用到 DNA 复制，而遗传之所以出现基因变异，是因为 DNA 复制过程中会出现错误。这些错误是随机的，这才有了生命的演化——随机？你听着是不是很耳熟？量子力学不就是最纯粹的随机过程吗？DNA 复制出错有没有可能是个量子力学效应呢？有人猜测是不是组成 DNA 的某些原子核中的质子发生量子隧穿，改变了位置，导致了基因变异。

如果你想在生命中寻找量子力学现象，隧穿效应是个热门话题。人体中的很多化学反应都需要各种酶作为催化剂，而细胞中有些酶的动力好像太强了，速度比经典物理学所能解释的要快。因此有人猜测，酶的反应里面，有没有量子隧穿呢？

所有这些都仅仅是不靠谱的猜测。比较靠谱的猜测是量子隧穿可能跟植物光合作用有关系。比较靠谱，但同时也比较离奇的一个猜测是，某些鸟类之所以能长途迁徙而不迷路，是因为它们的眼睛里有一些化学反应，能通过量子纠缠感知到地球磁场。不算太靠谱，但是听起来比较合理的猜测是，人的嗅觉，可能用到了电子的量子隧穿。

不过所有这些猜测，都跟超自然现象没关系。

其实我非常希望大脑跟量子力学有关系，我希望这个世界能再神奇一点，但是我尊重证据。

美国天文学家卡尔·萨根（Carl Sagan）有句话叫“超乎寻常的论断需要超乎寻常的证据（Extraordinary claims require extraordinary evidence）。”你这个说法要是太过“非主流”，可以！但是必须拿出让人不得不服的证据。这一节说的所有猜测，只要证实了任何一项，都是石破天惊的成果，而且很可能会有应用价值。但是对不起，科学家上天入地找遍了也没找到足够硬的证据。

而对于那些把量子力学跟佛学、真气之类联系起来的说法，你甚至不需要证据就能排除。那些说法太过玄虚，根本都不能精确地用一个科学现象去描写，又何谈验证呢？“性觉必明，妄为明觉”这句话到底是什么意思？佛经的本意很可能根本都不是说一个物理现象，而是个心理学论断。有个思维工具叫“牛顿的火焰激光剑”[3]：如果一个什么东西不能用实验或者观测来判断，那就根本不值得辩论。

至于心灵感应之类的，我们应该使用“奥卡姆剃刀”[4]：如果简单的理论已经足以解释这个事儿，就没必要再诉诸别的理论了。心灵感应，用巧合就能解释。除非有人做实验发现，他只要默念一个人的名字 15 分钟，那个人就会给他发微信。我们没必要对生活中看似意外的协调大惊小怪。预感很可能是大脑潜意识的计算，从没有立场到坚定立场很可能是大脑出于讲故事的需要，不得不遵守自己说过的话。

量子力学跟暗物质有关系吗？跟暗能量有关系吗？跟《易经》有关系吗？跟玛雅文明有关系吗？这样的思维有时候能促进联想，但你要是知道科学这门业务有多难，你就会非常谨慎。并不是科学家没有想象力或者不够大胆，而他们知道：超乎寻常的论断需要超乎寻常的证据。

## 问答

**I Pencil:**

古今中外，总有一些著名学者在科研生涯的晚期或其他时候把自己研究的关注点放在一些“民科”方向上。对于这种现象，除了具体案例具体分析外，您觉得还可能有哪些共同的原因?

**万维钢:**

牛顿的下半生致力于研究炼金术。泡利在物理学上是最严格的批评者，是“物理学的良心”，可是私下会去跟着卡尔·荣格（Carl Jung）玩解梦。中国有好几个了不起的工程师和科学家，晚年研究气功。这是为什么呢?

我认为最根本的原因是那些神秘的东西真的很吸引人。好奇是人的本能。如果你是因为好奇心而搞科研，你不可能只对什么“选键化学”之类的小领域好奇，你会对什么都好奇。年轻的时候你面临“当前科学理解”的限制，只能在人类知识前沿的那一条窄窄的线上寻求突破点，因为那条线代表了当前技术手段和理论工具所能施展的范围。对比到老百姓的人生，就是人本来什么都想做，但是年轻的时候迫于生计，只能做“当前市场允许你做的事情”。表现出来，就是科学家做能切实形成科学发现的事情，老百姓做能切实挣到钱的事情。

但是老了之后，你可能想放飞自我。从纯逻辑角度来说，谁也不能证明神秘现象都是假的。当前科技水平研究不了，主流期刊不收，那没关系，反正我也不为发论文、评职称，我自己研究研究不行吗？

这就好比说有的人奋斗半生终于财务自由了，就开始做各种不靠谱的事情。他在内心深处可能觉得我现在工作不是为了赚钱，所以我这是最纯粹的工作，我很了不起——殊不知“挣钱”其实是个靠谱性的标尺，你这个东西之所以不挣钱，是因为它不靠谱。其实，别人也都尝试过，也都想过。人家之所以放弃是因为不可行，你之所以坚持不是因为你认为可行，而是因为你不在乎可行不可行。搞科研也是这样，科学共同体的评审、论文能发表在权威期刊上，有人愿意给你经费，那是因为你这个事儿靠谱。你这个课题太离奇，人家不给你经费，那不是打压你，而是因为不靠谱。

有的不靠谱是喜剧。比如现在网上流传各种“最强赘婿”的段子，说大佬功成名就之后，隐姓埋名，为了爱情去给一个大户人家当上门女婿，默默“相妻教子”，受尽各种冷眼，然后偶然机会，玩票式地露了一手，就把所有人都震住了。

有的不靠谱是悲剧。爱因斯坦到美国之后就几乎不再参与主流物理学界的事情了，专心研究自己那个“统一理论”。我们现在知道，后来的很多物理进展在他那个时候还没有出现，他看不到更深的物理，不可能做出来统一理论，他太着急了。可是爱因斯坦为什么要在乎？小问题留给年轻人发论文吧，我该有的早就有了，我现在要干就干大的！如果世界需要有一个人在这个问题上浪费生命，那就应该是我。再比如前几年有个八十多岁的老数学家召开发布会，说自己独自工作很多年，终于证明了黎曼猜想。在场没有一个人相信他，大家知道他已经有点老糊涂了，但是他这么多年的孤注一掷很可怜，因此没有人嘲笑他。

有的不靠谱则是闹剧。比如各类宣称自己做出了突破性结果的民科。我认为私下钻研一个“民科式的问题”，不等于民科。只要你保持严谨的态度，坚持科学方法，成与不成你都是科学家。牛顿和泡利并没有宣布他们发明了炼金术和读心术。而民科的特点是没有超乎寻常的证据就敢宣布超乎寻常的论断：明明什么都没做出来，却宣称自己做出来了。

# 23. 物理学的进化

量子力学的故事我们已经讲完了，但是现代物理学的故事，我们才说了一点点。剩下的内容一言难尽，有特别了不起的成就，但是结局有点让人无语。物理学是最革命的科学，物理学家非常喜欢颠倒乾坤的思想。最后一节，咱们说说今天的物理学被物理学家折腾成了什么样子。

科学哲学家托马斯·库恩（Thomas Kuhn）有个概念叫“范式转移（paradigm shift）”，意思是科学史上，有时候几乎所有科学家，会一起来一次基本观念的转变。比如牛顿认为光是粒子，别的科学家也都跟着把光当作粒子；后来麦克斯韦证明光是电磁波，所有科学家就都把光当作波来研究；量子力学出来，大家又都认同了“光子”的存在。范式转移不是瞬间的，但它是整个“科学共同体”的巨变。

到了20世纪30年代，量子力学的基本理论就已经齐备了，此后主流物理学家就不再研究量子力学。那他们研究什么去了呢？物理学又发生了什么范式转移呢？

答案是……我看现在已经不能叫范式转移了。现在每个物理学家都梦想自己弄个完全不一样的说法，然后你们都跟着我转移——现在有很多新范式，但是谁也不知道该不该转移。

***

咱们从物理学的四种“相互作用”说起。这已经是一个范式转移，因为以前大家都把引力、电磁力这些叫作“力（force）”。“力”这个说法有点土气，力的场景是我用力推你一下，你就会往我的力的方向运动，这个太简单了。物理学家发现，力跟运动的关系可以很复杂，叫“相互作用（interaction）”更恰当。

前两种“相互作用”是我们熟悉的引力和电磁相互作用。它们描写了原子核之外，我们日常生活所能接触到的所有运动。化学家、生物学家、火箭科学家……除了物理学家之外，各行各业所有的专家，会算一个引力，会算一个电磁相互作用就够了。但是物理学家负责解释这个世界，就必须想得更深。

我们想想原子核。原子核是由不带电的中子和带正电的质子组成的（图 66）。这些质子们聚集在一个这么小的地方，它们的正电应该让它们互相排斥才对，是什么力量把质子和中子们拉住，不让它们散开的呢？

图 66　质子与中子组成的原子核

这就是第三种相互作用——“强相互作用”。1964 年，默里·盖尔曼（Murray Gell-Mann）和乔治·茨威格（George Zweig）提出，并且后来被实验验证，质子和中子都不是最基本的粒子，它们都是由“夸克”组成的。夸克有六种类型，叫作六个“味道”，分别是上夸克、下夸克、粲夸克、奇夸克、底夸克和顶夸克。比如质子是由两个上夸克和一个下夸克组成的，中子是由两个下夸克和一个上夸克组成的。

夸克的每个味道又有红、绿、蓝三种“颜色”。当然不是真正的颜色，夸克的颜色就好像电子和质子的电荷一样，代表它们对强相互作用的受力方式。质子和中子各自的三个夸克因强相互作用被绑定在一起，绑好之后还多余了一点强相互作用，又把质子和中子们绑在一起。描写强相互作用的理论，叫作“量子色动力学”。

原子核里还有一个过程，一开始叫“β 衰变”，是强相互作用也解释不了的。β 衰变是指，有时候原子核本来好好的，突然从内部释放出来一个电子和一个中微子，结果是其中的一个中子变成了质子

（图 67）。

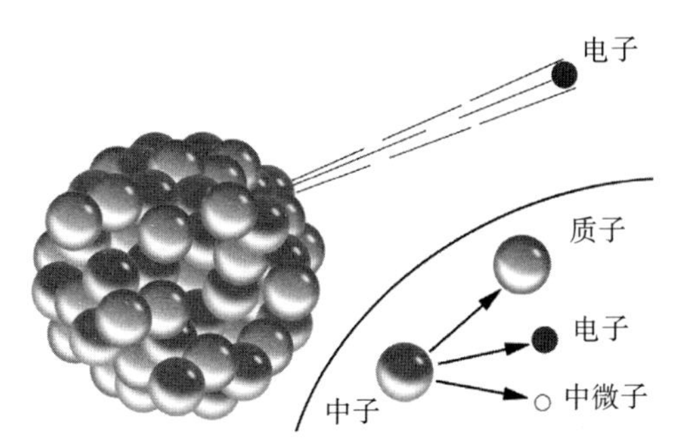


图 67　原子核中的中子变为质子的过程[1]

1932 年，意大利物理学家恩里科·费米（Enrico Fermi）断定 β 衰变是第四种相互作用导致的，称为“弱相互作用”。现在我们知道 β 衰变其实是一个夸克变成了另一个夸克。包括夸克和电子在内，所有的费米子——也就是自旋是 $\frac{1}{2}$ 这样半整数的基本粒子——都会受到弱相互作用的影响。中微子也参与，而且只参与弱相互作用，这就是为什么中微子这么难以探测。

所以，相互作用不但能影响粒子的运动，而且能让一个粒子变成另一个粒子，这比我们印象中的“力”是不是高级多了？这些相互作用到底是怎样发生的呢？两个粒子之间是用什么方式互相影响的呢？

***

牛顿是把引力当成了一种超距作用，不管距离多远，只要那儿有个星体，你就能感受到它的引力，引力好像可以隔空传输。到了麦克斯韦和爱因斯坦这里，超距作用就太荒唐了。大家仔细想想，必须得跟一个什么东西发生接触，你才能感受到力，不然你这个感受是如何传递的呢？那一代物理学家发明了“场”这个概念。

场是一种弥漫在空间中，一定范围之内无处不在的东西。电磁力有电磁场，电磁波就是电磁场的波动。引力有引力场，根据广义相对论，就是时空本身的弯曲。不是两个带电粒子直接发生关系，而是它们各自跟此地因为它们的存在而存在的那个电磁场发生关系。

场这个概念非常完美……但是量子力学出现了。量子力学认为电磁场根本不是一个连续的东西，而是一个一个的“光子”。那在光子这个视角之下，电磁相互作用是什么样的图像呢？

这就是融合了量子力学和狭义相对论的“量子电动力学”。量子电动力学认为，两个带电粒子之间，是通过交换光子来发生相互作用的。

图 68　扔切糕示意图 [2]

这个图像很有意思，我给你打个比方。想象咱俩在一个绝对光滑的冰球场里各自运动。地面太滑了，我们不能借力，只能依靠惯性前进，眼看就要互相撞上了。但是我手里抱着一块很重的切糕，我突然把切糕扔给了你。因为切糕的反作用力，我的路线获得了偏转。而你接住了切糕，因为你吸收了切糕的冲力，所以你的路线也偏转了（图 68）。一个站在远处的人要是看不见那块切糕，还以为是咱俩发生了碰撞。

咱俩就是两个带电粒子，切糕就是光子，这个过程就是电磁相互作用。实际过程复杂得多，可能我们不止交换了一个光子，可能你还会先发出、再吸收一个自己的光子，所有这些情况形成量子叠加态，可以用费曼图表示（图 69），要做一个很麻烦的计算。

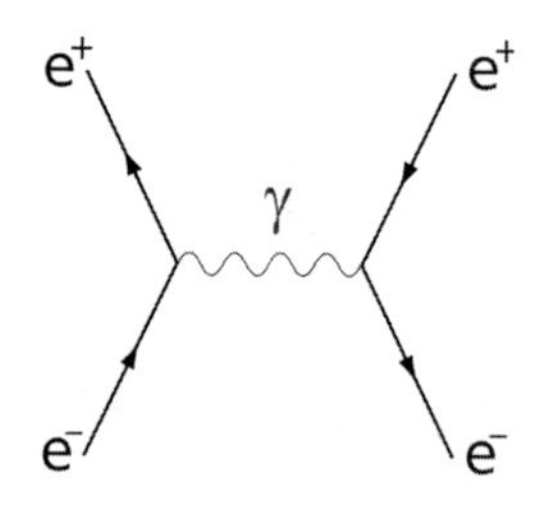


图 69　两个电子碰撞的费曼图的一部分 [3]

那既然电磁相互作用是交换光子，别的相互作用会不会也是交换什么东西呢？这就引出了“量子场论（Quantum Field Theory）”。

量子场论认为，所有相互作用的场，都是以某种粒子的形态存在的，相互作用就是交换这种粒子。杨振宁先生用“杨 - 米尔斯理论”为量子场论作出了关键贡献。

量子场论认为强相互作用是夸克之间通过交换“胶子”实现的，弱相互作用则交换了三种粒子，叫作 $Z_0$、$W_+$ 和 $W_-$。你看这个“交换粒子”的图像，是不是比牛顿那个超距作用，比麦克斯韦的那个场都要好？它不但明确了“力”到底是什么东西，而且既然都是由粒子传播的，力的传输速度自然就不能超过光速。

但物理学家的野心不止于此，他们还想把这一切都统一起来。

所谓“统一”，就是以前你觉得这是两个完全不同的东西，而现在有个理论，发现它们在更高的层面上其实是同一种东西。比如古人认为人和黑猩猩非常不一样，现在我们知道人和黑猩猩有 98%

以上的基因都是相同的：在基因这个层面上，我们同源同种。量子电动力学把量子力学、电动力学和狭义相对论统一起来了，可以说是同一个理论。1968 年，阿卜杜勒·萨拉姆（Abdus Salam）、谢尔登·格拉肖（Sheldon Glashow）和史蒂文·温伯格（Steven Weinberg）把弱相互作用和电磁相互作用统一起来了，称为“电弱统一理论”。

本来量子场论认为传递弱相互作用的那三个粒子也跟光子、胶子一样是没有质量的，但是实验结果强烈支持它们有质量，这是怎么回事儿呢？后来是英国物理学家彼得·希格斯（Peter Higgs）提出了一个机制，说宇宙空间中弥漫着另外一个场，这个场不但赋予了 $Z_0$、$W_+$ 和 $W_-$ 粒子质量，而且赋予了电子之类的“轻子”和夸克质量。那根据量子场论，有场就得有粒子，这个粒子就被称为“希格斯玻色子”。

到 19 世纪 70 年代，强相互作用、希格斯机制这些都被统一进来，形成了一个一统三种相互作用的大理论，这就是“标准模型（Standard Model）”。

在标准模型眼中，世界上所有的粒子只有三种：

一种是“感受”相互作用的粒子，包括夸克和电子之类的轻子，它们都是费米子；一种是传递相互作用的粒子，包括光子、胶子、$Z_0$、$W_+$ 和 $W_-$，它们都是自旋为整数的“玻色子”；外加一个希格斯玻色子（图 70，图中没有列出各种粒子的反粒子）。

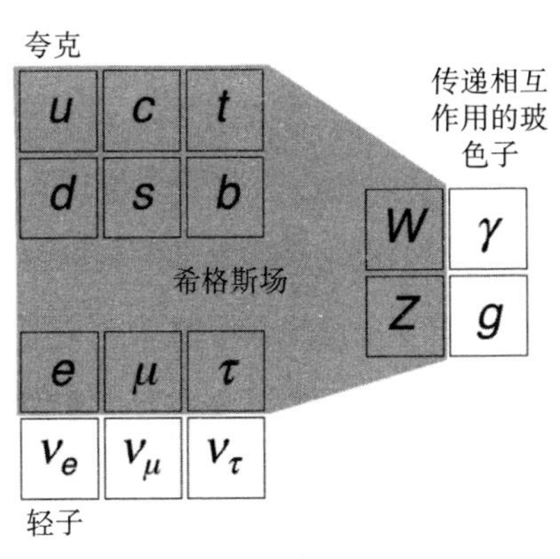


图 70　标准模型中的所有基本粒子 [4]

我们想想，面对这么一个模型，理论物理学家得有多自豪。除了电子是实验先发现的之外，其他的基本粒子全都是理论物理学家先用数学方程预测有这么一个事物，然后就真的在实验中观测到了这么一个事物。而做成这一切大概只用了二十多年。

这个世界的密码就在标准模型里！但是且慢，

那引力呢？

***

我们要不要把引力场也来个量子化，证明引力是由“引力子”传播的？从 19 世纪 70 年代到现在，四五十年来，有上千个物理学家殚精竭虑就想做这一件事儿。他们想把标准模型和广义相对论统一起来。广义相对论是个确定性的理论，标准模型是个量子理论，它们能统一吗？

新一代理论物理学家的思想比玻尔开明，精神比泡利强势，他们中的有些天才人物在比海森堡更年轻的时候就开始参与物理研究，他们会的数学远远超过狄拉克——但是他们再也没有得到过上一代人似乎轻松就能得到的荣誉。

1964 年，包括希格斯本人在内的六个物理学家发表了三篇论文，同时预言了希格斯玻色子的存在。优秀的理论家如此之多，以至于后来诺贝尔奖都不知道该发给谁。2012 年，大型强子对撞机终于找到了希格斯玻色子——而这也可能是理论物理学家的预言最后一次被实验证实。

那过去这四五十年，理论物理学家做出了什么呢？比如说“弦理论（String Theory）”。因为要统一广义相对论和标准模型，必须进入“普朗克长度”那么小的尺度，而两个粒子在这个尺度上碰撞会形成无穷大的“奇点”，物理学家想了一个新范式。这个范式认为基本粒子不是点状的东西，而是一个个蜷缩起来的“弦”或者“膜”。

弦理论涉及高维空间和极其复杂的数学，这对理论物理学家都不算什么，难处在于，弦理论不止有一种。人们一度找到过五种不同的弦理论，后来在 1994 年，大家意识到它们其实是同一种理论，称为“M 理论（M-Theory）”。但你很难说 M 理论就是最终能一统江湖的那个终极理论，因为 M 理论预言的世界，不止有我们这一个。

M 理论认为宇宙有无穷多种可能性，我们只不过是幸运地生活在其中一个比较适合生命存在的可能性中而已。当然这样的理论也不能说不对，可是你怎么证明呢？一切皆有可能？这跟量子力学的多世界解释不是差不多吗？这还是科学吗？

M 理论之外，理论物理学家还弄了一些可以相提并论的其他理论，比如“圈量子重力论（loop quantum gravity）”。这些理论跟 M 理论的确能对我们这个世界做出一些不一样的预言，可是有人估计，要想验证这些预言，你需要建造一个像太阳系那么大的加速器才行，因为涉及的能量太高了。

物理学原本是门起源于实验、用实验作最终判断的科学。可是现在最新的物理理论已经跟实验说不上话了，那这还是物理学吗？

量子力学我们就讲到这里。1900 年的两朵乌云让我们意识到这个世界背后可能有个诡秘的真相，120 年过去了，我们仍然没有找到最后的真相。我们不知道大自然还允不允许我们继续寻找……我们甚至都不知道，世界背后到底是有一个真相，还是有无数个真相。

## 问答

**wkt:**

像电子、质子、中子和光子，我比较能相信它们是真实存在，毕竟这些都有实际的应用。但是夸克之类，存在时间非常短，难以检测，应该是用某些比较间接的方法证实的，物理学家靠什么来确信它们的存在呢？

**万维钢:**

其实我们对所有微观世界的了解都是间接的。从麦克斯韦那个年代开始，物理学就进入了几乎完全依靠仪器去感知世界的阶段。我们不可能看见一个粒子，看到的只是它留下的痕迹。

像电子和质子这些稳定的带电粒子，使用“云室”之类的设备，我们能看见它们在电场中走过的轨迹，通过轨迹我们可以算出它们的质量和电荷。而大多数基本粒子其实都不稳定，几乎是一自由，或者一被创造出来，很快就衰变成了别的粒子。如果寿命比较长，我们仍然能看到它的一段轨迹；如果寿命太短，我们就只能观察到它们衰变的产物。

而夸克又是一种更为奇特的东西。物理定律有个规则叫“夸克禁闭”，禁止自由的夸克存在。一个自由的、裸露的夸克会有“颜色”，而根据量子色动力学，裸露的颜色会立即制造出别的“有色”粒子，跟它组成无色的粒子。这样一层一层连锁反应，一个自由的夸克会导致很多由夸克组成的“强子”产生，并且形成强子的“喷射”，直到耗尽最初的能量。

物理实验的做法是先通过加速器把比如说两个质子加速到极高的能量，让它们发生对撞，这一撞就可能撞出来几个“自由”夸克。然后我们去观测那个夸克带来的强子喷射。

那从逻辑上来说，既然真正自由的夸克是不能直接探测到的，我们为什么相信存在夸克这个东西，而不是因为别的什么，让对撞直接产生了强子喷射呢？因为有夸克的那个理论模型能完美地，而且是无比精确地解释这一切；而其他没有夸克的模型则不能做得这么好。

所以从根本上来说，物理理论只是模型。这就是为什么“标准模型”叫“模型”。可是难道别的理论就不是模型吗？你见过电子吗？你凭什么相信那条运动轨迹就代表电子？其实包括我们能亲眼看到的东西，比如我现在用的这个键盘是否真的存在，也是可以质疑的。一切都是模型。

**Cornelius:**

万老师，你个人认为理论物理学家和实验物理学家，谁更牛呢？

**万维钢:**

你要是问二十多岁的我，我肯定回答理论物理学家最牛。理论物理学家书写物理理论，他们有灵感和洞见，他们的思想直指直接的奥秘，他们做的是大师的事情。对比之下，实验物理学家似乎只是老老实实完成别人的设想。

理论物理学家中出了那么多爱因斯坦、费曼这样的英雄，留下无数传说；实验物理学家有什么英雄事迹呢？仪器坏了怨泡利吗？

但是现在我认为实验物理学家更牛。他们至少在做脚踏实地的事情！他们使用最新奇的仪器，其中很多都是他们自己发明的，别人根本用不上；他们试探最极端的环境；他们的任何成果都是大自然的真实现象。一个现代粒子物理实验的论文，常常会有比如说六百个人的署名——每个人看似都不起眼，但是每个人都很有用。对比之下，理论物理学家越来越陷入空谈。

我在美国洛斯阿拉莫斯国家实验室做过几年物理研究，我们那个组都是做空间等离子体理论的。有一次中午吃饭时闲聊，组里一个美国人说他父亲是个农民，家里有个农场。我们一听都肃然起敬，纷纷感慨：你父亲干的事儿是绝对有意义的，因为他给人提供了食物；而我们发的这些论文，到头来谁也不知道能不能真有用。

# 番外篇 1：要么电子有意识，要么一切都是幻觉

有一个特别重大的问题——这个问题如此之大，以至于你可能从来都没发现它是一个问题。我们这一节的内容不是给你解惑，而是让你理解这个困惑是什么：我想让你知道现在世界上的顶级大脑在思考一个什么问题。

这个问题是：构成我们这个世界的这些物质，到底是什么？

## 软件和硬件

你可能会说，这不是很明显吗？世界当然是由原子啊，光子啊，力啊，场啊这些物理学上的东西组成的。但这个回答还不够好。为了让你意识到这个问题的确是一个问题，我来打个比方。

假设有人给你介绍了一个相亲对象，叫小静——假设你是男的她是女的。介绍人跟你讲了很多有关小静的事儿，比如说——

· 她有很多追求者；

· 她还没有男朋友；

· 她的工作是教小学生英语；

· 她把工作处理得井井有条；

· 她跟学生、家人、朋友、同事、领导方方面面相处得都很好；

· 她喜欢画画……

类似这样的描述。那好，你愿意根据这些描述决定是否跟小静交往甚至结婚吗？

先别着急回答。在某种意义上，你对这个问题的回答，决定了你对我们生活的这个物理世界的立场。

上面那些描述的特点是它们都是侧面描写——介绍人告诉你的都是小静做些什么，以及她和周围事物的关系。但是，介绍人完全没告诉你小静本人是什么样子。

当然你可以做一些推测，比如说，既然小静有很多追求者，那可以想见，她应该长得很有吸引力，是个漂亮的人。但是请注意，所谓“有吸引力”“漂亮”，其实本质上仍然说的是她和周围人的关系：她具有吸引异性的特质——这仍然是间接的推断。你不亲自看一眼，就不能感知到小静。

从实用主义角度，知道小静做些什么和她与周围事物的关系，似乎就应该足以让你作出理性的决定了。这么多人喜欢她，那你应该也会喜欢她，她应该会是一个理想的妻子。但是！你仍然不知道她到底什么样。你对小静缺乏主观的感受。

可是主观的感受重要吗？“是什么”有意义吗？这就是问题的关键所在。

我们现在的一切物理学，乃至将来可能发现的一切新物理学，都是关于物理世界里的各种东西做些什么，以及它们和周围事物的关系的学说。

比如说电子。我们知道电子有电荷，所以它会在电磁场中做特定的运动。我们知道电子有质量，所以它会对引力场——或者说对时空的弯曲——做出相应的反应。我们知道电子有自旋，那意味着它会参与角动量守恒的游戏。而电子的一切物理性质，电荷、质量、自旋，都是关于它怎么运动，以及跟其他事物关系的性质。

物理学对电子的描写，就如同前面那个介绍人对小静的描述。

那请问，电子本身是个什么东西？

电子跟小静的区别在于，你可以看见小静但是看不见电子，因为电子实在太小了。但是看不见不等于理论上不存在。电子的存在，是一种什么样的存在呢？

我再换个说法。我在得到 App 的“精英日课”专栏讲逻辑学时曾说过，逻辑是对真实世界的抽象。真实世界里并不存在数字“2”这个东西——真实世界里存在两个苹果，两个人，总是用某些具体的东西体现数字 2。单纯的数字 2，只存在于抽象的柏拉图世界之中。也就是说，真实世界 = 抽象关系 + 实体，真实世界是抽象关系的实体化。这个说法很直观，但是如果我们深究真实世界，一直落实到物理学的层面，一直落实到电子的尺度，我们就会发现这个说法可能有问题。

所有的物理定律，都仅仅描写了电子遵守的抽象关系。物理学从来没有谈论过电子的“实体”是什么。

抽象关系是完全数学化的，是软件。那硬件是什么？

## 数学宇宙

迈克斯·泰格马克在《穿越平行宇宙》这本书中提出一个假说，叫作“数学宇宙”。这个假说认为真实世界里的一切都是数学的产物，可以说只有软件，根本就没有什么硬件。

电子是什么呢？泰格马克认为电子仅仅是一个数学结构——就好像数学里的“立方体”一样。一个抽象的立方体只有数学结构，和数字 2 一样，没有实体，完全是软件[1]。

伸手摸一摸身边的墙壁，你能感受到墙壁的硬度和温度，有一种很实在的质感。可是在物理层面，你的所有感觉都只不过是电磁相互作用而已。电磁力在宏观上体现为一种分子间的斥力，让你的手不能穿墙而过；组成墙壁的物质的分子的热运动决定了墙壁的温度。而所有这一切机制，都只不过是数学关系。

你以为你感受到了墙壁，其实是数学关系决定了物理行为，物理行为决定了化学信号，化学信号传递到你的大脑而已——这些都只不过是软件！

硬件似乎根本不重要。也许我们是生活在一个计算机模拟世界之中。

现在我想把这个问题再深入分析一下。“硬件不重要”，和硬件不存在，应该是两码事。如果我们生活在计算机模拟世界中，那又是哪台计算机在模拟呢？那个计算机的硬件是什么呢？你可以说硬件不重要，但是你要说硬件根本不存在，那问题可就大了。

如果硬件根本不存在，那就意味着这个物理世界，包括我们和我们的一切行为，都只不过是早已存在、一直存在，而且永远存在的数学形式。这个道理可以这么理解：就算没有任何硬件，也存在一个抽象的数学世界，而在那个世界里 2+2 也等于 4。数学独立于硬件存在。

或者说，我们的存在，只不过是数学意义上的存在，我们跟数字 2 一样，也是纯逻辑的存在。

真实世界 = 抽象关系。

也可以说，如果根本没有硬件，就意味着所谓真实世界，只不过是个幻觉。

## 关于物质的“难的问题”

真实世界里的物质，除了代表它们的结构和关系的数学性质之外，还有没有什么“实在”，这是一个困扰哲学家好几百年的问题。牛顿同时代的数学家莱布尼茨就已经开始问这个问题，到后来的哲学家罗素，一直到今天的众多哲学家都在思考。这个问题被称为“关于物质的‘难的问题’”，英文叫“the hard problem of matter”。

相应地，各种物理定律描写的只是物质的行为，而不是物质的本身，所以可以算作关于物质的“简单问题”。

这个难的问题，不但现在无解，就算将来我们了解了更完整的物理定律，更精细的物理学，也于事无补。对小静的侧面描述再精确，你还是没见过她，你还是不知道她“本身”是什么样。

这个问题对我们的日常生活完全没影响。我们只要知道这个世界是怎么运行的就已经够了，没必要为了生存而追问软件硬件的事儿——那甚至根本就不是科学问题。事实上，就算你见过小静，甚至已经跟她结婚多年，你也没必要真正理解她是什么——哪怕她是 AI 也好是妖怪也好，你只要熟悉她的脾性，能够很好地操作她就可以了。

但是没影响不等于这个问题不存在。如果你不回避，而是直视这个问题，那么在逻辑上，你只有少数几种选择。

纽约大学的一位女哲学家，海达·哈塞尔·默克（Hedda Hassel Mørch）2017 年在《鹦鹉螺》（*Nautilus*）杂志发表了一篇长文[2]，给我们介绍了当今哲学界对这个问题的几派看法。

如果你像泰格马克一样认为根本就没有什么“硬件实在”，一切都仅仅是数学形式，那么你可以说真实世界其实是个幻觉，没有什么实体。

但如果你认为真实世界里的物质除了数学性质之外，还有实体，那么现在哲学家的看法是，这个实体，跟我们常说的“关于意识的‘难的问题’”有关。

关于意识的“难的问题”是，意识这个东西，作为人的一个纯主观的感受，到底是什么？答案是它应该是一切物理规律——也就是数学性质——之外的某种东西。

而既然物质的实体也是数学性质之外的某种东西，现在就有很多哲学家把这二者联系起来，认为它们其实是同一种东西。意识就是物质的实在。

表面上来看，你可能以为大脑的结构是硬件的，意识是软件的——但这么一分析，我们发现很可能大脑的结构是软件的，意识才是硬件的！

这个理论，叫作“两面一元论（dual-aspect

monism）”，有些中文论文翻译成“一体两面论”“两视一元论”。所谓一元，就是构成我们大脑的和构成物质世界里的其他物质的，是同一种物质，说白了就是人体内没有“灵魂”之类的特殊物质。所谓“两面”，就是这个东西既构成了物质的实在，又提供了意识。

换句话说，电子也有意识。电子的存在，就是它的意识。因为只有这个东西，才是排除电子的行为、结构和与外界关系那些数学描述之后，剩下的电子本身的东西；也只有这个东西，才是人的感知中排除所有物理规律之外的主观的东西。

你终于理解了小静 = 你终于意识到了小静的本身 = 你终于意识到了小静的意识

这个“两面一元论”有一个温和版和一个激进版。温和版认为电子之类的实在比意识还低一个层次，必须组合起来才算意识；激进版认为电子的存在就是意识，只不过没有人的意识那么复杂而已。

那电子的意识到底是怎么组成人的意识的呢？这仍然是一个非常难的问题，但是默克认为，这总比从一堆完全没有意识的原子中无中生有出一个意识要容易得多。

这基本上就是当前哲学界对物质和意识的最新看法：你要么相信世界是虚幻的，要么相信电子有意识。

我自己的立场差不多是这样的：在感情上我强烈希望意识和世界都是真的；但是在理智上，我越了解物理学，就越觉得世界是个幻觉。

如果经常思考这种问题，你恐怕就无法享受岁月静好的生活了，对此我表示抱歉——但是在我看来，“岁月静好”=“浑浑噩噩”。不管真实世界是不是幻觉，岁月静好绝对是幻觉。

# 番外篇 2：这个宇宙的物理学并不完美，而这很值得庆祝

我们这个宇宙里的物理学有个怪异的性质，让物理学家感到……怎么说呢？有点不自在。

我们考虑这么一个问题。比如，有一个物理学家，从来不直接观看这个世界，总是通过一面镜子观察世界，他看到的一切物理现象都是真实世界的镜像。那你说，这个物理学家总结出来的物理定律，跟我们总结的物理定律是一样的吗？

这是一个很怪的问题，你可能会说，为什么要思考这样的问题？确实，物理学家原本以为这根本就不是个问题。镜像里的世界当然应该跟我们的是一样的：热气一样往高处走，水一样往低处流，牛顿定律和爱因斯坦相对论，包括量子力学，从来都没有过关于“左”和“右”的规定，左右都一样，对吧？当然大多数人都是右撇子，但那只是一个文化习惯，跟物理定律没关系。把任何一个视频节目通过镜子看，你要不说，谁也看不出来里面的物理学过程有什么不对的地方。

但是在 1956 年，有两个来自中国的年轻人——一个叫杨振宁，一个叫李政道——说，镜子里的物理学，应该跟真实世界里的物理学不一样。

他们这个说法解决了困扰当时物理学界的一个谜，这个解法实在太离奇了，除了他们两个谁也没往这个角度想。然后过了不到一年，另一个中国人——吴健雄女士——做实验证明了他们的理论。杨、李二人因此拿到了诺贝尔物理学奖。

杨振宁和李政道的获奖发现是：弱相互作用的宇称不守恒。我先帮你理解一下这句话是什么意思。

***

“宇称”，简单地说就是镜像对称性，英文叫 Parity，用字母 P 表示。一般的物理定律都是“宇称守恒”的，也就是说在镜子里看和真实世界里没区别。吴健雄要证明镜子里的物理学跟我们的物理学不一样，不可能走到镜子里去做实验，但是她可以弄两个互为镜像的装置。

在杨、李二人的建议下，吴健雄选择了考察钴 -60 原子核的衰变。吴健雄用磁场控制原子核，并且把温度降到接近绝对零度，这样原子核的姿态很稳定。在一个装置里，吴健雄让钴 -60 原子核“左旋”，也就是绕着自身左转，而在另一个装置里则“右旋”，这样两个装置正好互为镜像。

这个左旋和右旋是什么意思呢？我们想象一个粒子正在一边沿直线前进，一边绕着自身旋转，如图 71 所示。

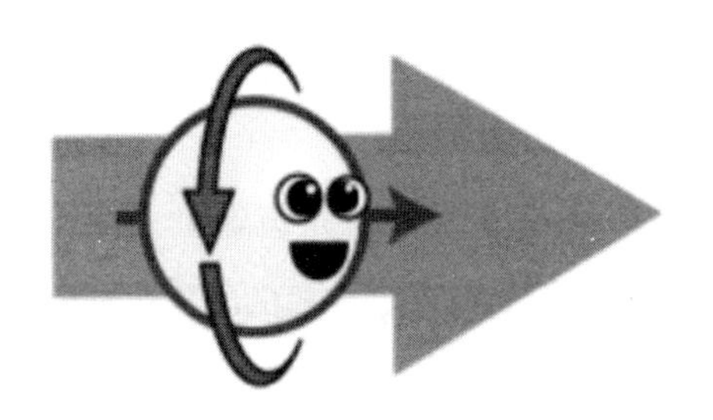

图 71　沿直线前进的自旋粒子

现在伸出你的右手，做一个挑大拇指的手势。用你的大拇指指向粒子前进的方向，这时候将你的其余四个手指弯曲，如果指尖的方向正好是粒子自旋转动的方向，那么我们就说这个粒子具有“右手征”，也叫“右手性”。反之，则是左手性（图 72）。这个手势跟中学学的“右手螺旋定则”很相似。

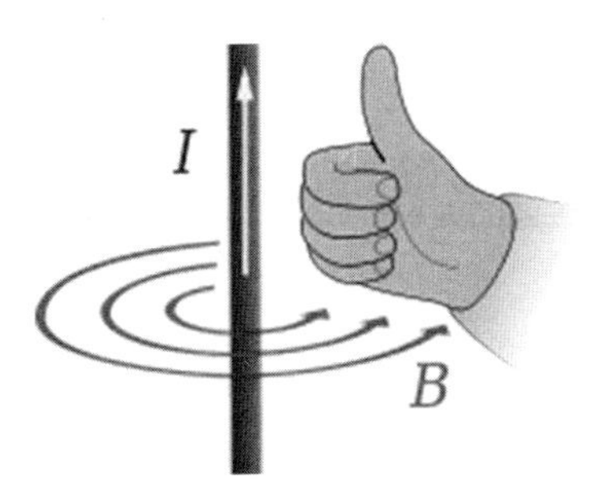


图 72　右手性粒子

右手性和左手性，正好互为镜像（图 73）。

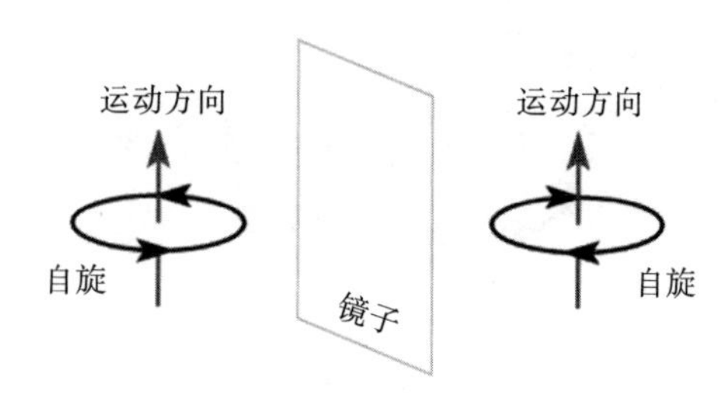


图 73　互为镜像的左手性粒子与右手性粒子

好，现在吴健雄弄了一堆右手性的钴 -60 原子核和一堆左手性的钴 -60 原子核，看看它们的衰变有什么不同。

钴 -60 原子核会衰变成一个镍 -60 原子核、一个电子、一个反电子中微子和两个光子。而吴健雄的实验结果中，那个电子出来以后，有一个明显倾向的方向——而这个方向，不是镜像对称的（图 74 中的 β 射线就是电子）。让原子核衰变的都是弱相互作用。而吴健雄的实验证明，弱相互作用在“左”和“右”之间，有一个明显的倾向性，左右不平等。

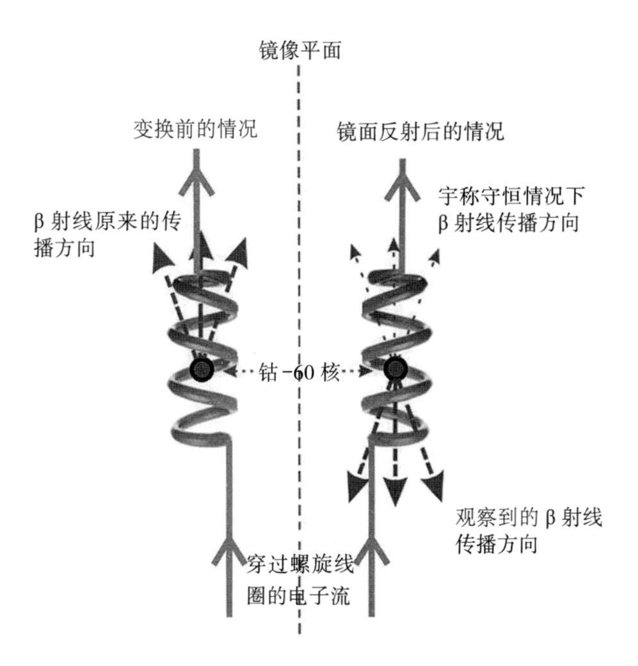


图 74　右手性和左手性钴 -60 原子衰变

据说这个结果让泡利火冒三丈，说这绝不可能，实验应该重做！但是泡利说的没用，镜子里的世界就是不一样。

事后人们进一步分析，弱相互作用之所以宇称不守恒，应该是跟中微子有关系——我们这个世界里的中微子总是左手性的，反中微子总是右手性的。

这就是杨振宁、李政道和吴健雄当年那个工作的意义。下次看电影的时候，你要想知道胶片是不是放反了，有一个绝对管用的办法：看看电影里的中微子是不是左手性的。

当然肉眼根本看不见中微子。中微子可能是最奇特的基本粒子。它们非常轻，质量几乎就是 0，但也不是绝对等于 0，反正因为太轻了，现在还没测出来到底有多轻。它们以接近光速的速度在宇宙中穿行，到哪儿几乎都是穿墙而过，几乎不跟任何物质发生相互作用——但也不是绝对不发生相互作用，它参与引力和弱相互作用，否则就探测不到了。

中微子有三种，分别是“电子中微子”“μ 子中微子”和“τ 子中微子”，再算上它们各自的反物质，也可以说一共有六种。

中微子有个奇特的性质，它会自己改变类型。比如一个来自太阳的电子中微子，在漫长的宇宙空间中行走，没有任何东西干扰它——走着走着，它就变成了一个 μ 子中微子。然后这个 μ 子中微子走着走着，又变成了一个 $\tau$ 子中微子，或者变回了电子中微子（图 75）。这就好像一只猫走着走着就变成了狗，狗走着走着变成了兔子：三种动物互相之间都能变。

图 75　三种中微子的变化

据我所知，没人能彻底说清中微子为什么会这样。这个现象叫作“中微子震荡”。

***

回过头来接着说宇称不守恒的事儿。刚才我们说了，中微子总是左手性的，反中微子总是右手性的，所以宇称不守恒。物理学家对这件事感到很不安，这完全不符合直觉，于是有人提出了一个新的对称性。

如果我们在把这个世界里的东西变换到镜子世界里的同时，把每一种粒子都变成它的反粒子，不就对称了吗？这个世界里的中微子总是左手性的，镜子世界里的反中微子总是右手性的，不是很和谐吗？

每一种物质都有它的反物质。电子带负电，反电子带正电；质子带正电，反质子带负电。反物质的质量什么的各种物理参数都跟物质一样，唯一区别就是电荷的正负号反过来了，以及中微子的自旋不一样。物质变反物质，这个操作可以叫作“C 变换”：C 是电荷（charge）的意思。

那么物理学家这个猜想就是，宇称，也就是 P，虽然不守恒，但 CP 联合起来，总该守恒了吧？

可是大自然再次给了物理学家一个意外答案——CP 也不守恒。1964 年，詹姆斯 · 克罗宁（James Cornin）和瓦尔 · 菲奇（Val Fitch）发现，在 K 介子衰变这个弱相互作用的过程中，CP 也被破坏了。这个发现也得了诺贝尔奖。

现在物理学家只好又退一步，在 C 和 P 之外又加上了一个 T——也就是时间反演变换。物理学家有充分的理由相信，如果把宇称左右颠倒一下，把正反物质互换，同时再把电影倒着放，那么镜子世界里的物理定律应该跟我们这个世界是完全一样的。这叫作“CPT 对称”。

目前来说，CPT 是守恒的。

讲到这里我该揭开底牌了。讲这些对称性有什么意义呢？意义就在于，它事关我们这个宇宙中的万事万物为什么会存在。

因为 CP 不守恒。

正反物质是不能在一起的，一碰到一起就会发生湮灭，变成光子（图 76），所有的质量都成了光子的能量。如果你在实验室里制造了一点反质子或者反电子，你需要非常小心地保管它们，比如说用磁场把它们约束在空间中——一旦跟普通的质子和电子接触，它们就会发生爆炸。

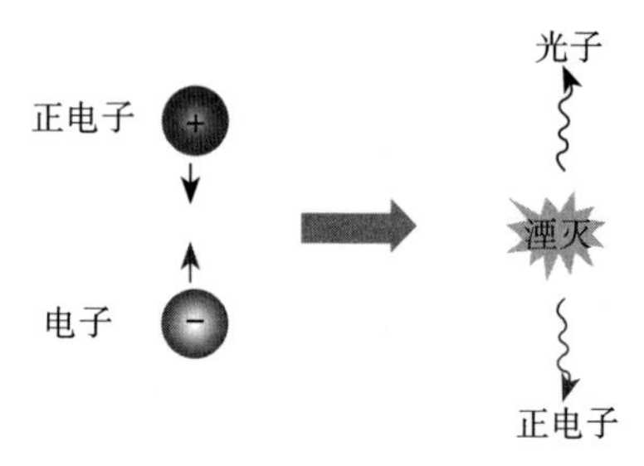


图 76 正电子与电子发生湮灭

好，知道了这一点，现在我们设想一下，假如这个宇宙的物理定律是 CP 守恒的，会发生什么？CP 守恒意味着反物质除了手性跟正物质不一样，其他都一样。

而我们知道，在宇宙最初起源的时候，并没有任何粒子存在。粒子们是大爆炸开始一万亿分之一秒之后才出现的。咱们先不管能让粒子们无中生有的物理定律是什么——既然 CP 守恒，正物质和反物质是对称的，你这个定律每生产一个正物质粒子，就应该相应地产生一个反物质粒子，不偏不倚，对吧？

而正反物质粒子产生之后就会立即发生碰撞，彼此湮灭！那么结果就应该是不管你生产了多少正反粒子，它们都是正好一半一半，最后就应该全部互相湮灭掉，只剩下一大堆光子！

换句话说，如果物理定律是 CP 守恒的，那我们这个宇宙里应该只有光子。

我们应该很庆幸，物理定律不是 CP 守恒的。

物理学家测算，要想让宇宙是今天这个样子，宇宙大爆炸期间每生产十亿个反粒子，应该生产十亿零一个正粒子。正粒子只比反粒子多这么一点点。而就是这一点点，最终积累下来，才使得我们这个宇宙现在到处都是正粒子，而几乎没有反粒子。

换句话说，你身上每一个粒子都是当初十亿分之一的幸存者。这意味着物理定律不是高度 CP 守恒的——只有那么一点点不守恒，才恰好允许万事万物存在。

万事万物的出现，是因为物理定律不是绝对完美的。

那这一点点 CP 不守恒，是多大的一点点呢？到底是哪个方程的不守恒导致的呢？现在还不知道。

1964 年发现的 K 介子衰变和后来发现的 B 介子，都包含 CP 不守恒，但是物理学家计算认为，这两个机制的贡献还不够，必须继续寻找别的 CP 不守恒的东西。现在物理学家盯上了中微子。

有人猜想，中微子震荡这件事儿，对正中微子和反中微子是不一样的。现在世界上至少有三个超级中微子实验装置正在准备探测这件事，分别是日本的“顶级神冈”（Hyper-K）、中国江门中微子实验（JUNO）装置和美国“深部地下中微子实验”（DUNE）。这些实验的基本原理是，从一个地方分别发射一束正 μ 子中微子和一束反 μ 子中微子，看看它们变成电子中微子的比率是不是一样的。

最近的一个新消息，是日本的“顶级神冈”刚刚运行起来，就发现了正中微子比反中微子略微胜出的证据[1]。

不过要想定论，还得等精度更高的实验做出来再说。你会在十年之内的某一天再次听到有关中微子的新闻，而你应该意识到，那可是事关万事万物为什么存在的大事。

***

对称是美的。我们直觉上总觉得物理定律应该满足完美的对称性，所以世界才会如此井井有条。殊不知，绝对的完美也不行——因为“什么都没有”才是最完美的！留下几个小到不能再小的漏洞，才有了这个多姿多彩的世界。

# 番外篇 3：一个常数的谜团

2020 年有个大新闻，澳大利亚科学家发现一个物理常数——叫作“精细结构常数”——有变化，说明宇宙可能不是“各向同性”的，引起了很多人的兴趣。

这个发现的意义到底是什么，现在谁也没法说清楚。但我认为这件事儿、这个发现的过程，对我们很有意义。这是一个一波三折的故事，你可以从中体验一下科学探索的乐趣。它还意味着我们这个宇宙真的是……总爱给人惊喜。

***

故事的主人公叫约翰·韦伯（John Webb），是澳大利亚新南威尔士大学的物理教授，也许你应该记住这个名字，他是一个战士。

我先说一下什么是精细结构常数。这是一个物理常数，一般用 $\alpha$ 表示：

$$\alpha = \frac{e^2}{2\varepsilon_0 hc} = \frac{1}{137.035999139}$$

一般我们近似地说 $\alpha$ 是 $\frac{1}{137}$。这是一个没有单位的纯数字，也就是说你不管用什么单位传统谈论物理学，它都是这个值。之所以叫“精细结构常数”，是因为物理学家最早是在研究原子光谱的精细结构时用到了它。

从这个公式看来，$\alpha$ 跟电荷（$e$）、普朗克常数（$h$）和光速（$c$）都有关系，可以说是几个常数的交叉点。如果 $\alpha$ 能变，那就意味着这几个基本物理量有可能会变，所以它非常重要。

我们讲量子力学的时候说过，量子电动力学描写了原子核以外、不算引力的所有物理现象——$\alpha$

正是量子电动力学的一个关键常数。但没人知道 $\alpha$ 为什么是这个数值。它是你写好方程之后，再给方程手动输入的参数——只有这个值符合实验结果，但是我们不知道这个值有什么更深的缘由。泡利临死前最后的愿望就是想知道为什么 $\alpha$ 是这个值。

代表物理学对世界最新理解的“标准模型”中有 20 多个像 $\alpha$ 一样的常数，没人知道它们为什么取这样的值——设计师丢下这些数字就走了，没有任何解释。而且这些参数还不能随便动，动多了可能这个宇宙就不会有生命存在 。

带电粒子的相互作用，原子核衰变的过程，都跟 $\alpha$ 有关系。有计算表明，如果 $\alpha$ 的数值比现在这个数值大 4%，世界上就不会有稳定的碳元素存在——而我们的身体需要碳，所以我们也就不存在了。

所以 $\alpha$ 这个数值很重要。事实上狄拉克在创立量子电动力学理论的时候就曾经想过，$\alpha$ 的数值有没有可能变呢？当时没人当回事。人们都相信物理常数是不会变的。

而 1999 年，约翰 · 韦伯发现 $\alpha$ 的数值似乎是会变的[1]。韦伯的数据是夏威夷的一个天文望远镜观测到 120 亿光年之外的一个“类星体”发出的星光。所谓类星体，就是一个超大质量的黑洞，它周围的气体在向它掉落的过程中因为加速运动而发光，我们能看到这束光。

宇宙是非常空旷的，这束星光就这样走过遥远的距离，走了 120 亿年，到达了地球。而物理学家可以知道这束星光在路上经历了什么。本来星光是一束连续的光谱，如果它在路上遇到某种尘埃组成的气体，那个尘埃的原子就会吸收掉一部分光。而因为每种原子吸收的频率都是固定的，表现出来就是星光的光谱上多了几条黑色的谱线（图 77）。

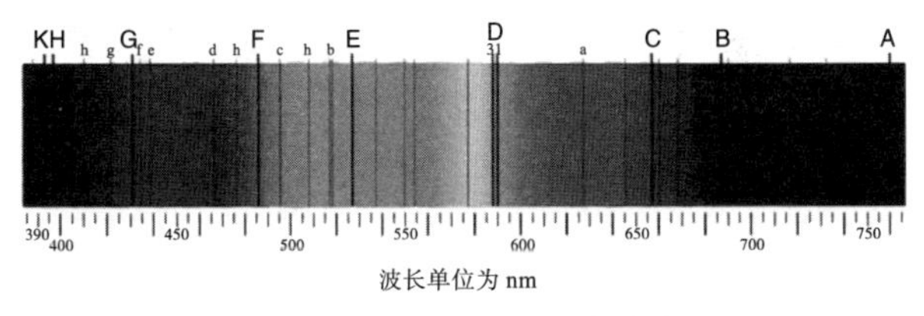


图 77　星光光谱上的黑色谱线

所有原子的吸收光谱我们都知道。所以物理学家一看这些吸收谱线的位置，就知道这束光曾经路过过什么样的气体——而做这个计算就要用到精细结构常数。

韦伯和他的研究团队计算得出，这束星光曾经遭遇过镁原子和铁原子的尘埃气体。但是有一个问题：吸收谱线的位置，跟我们在地球上看到的寻常的镁原子和铁原子的吸收谱线的位置，有小小的偏差[2]。

这个偏差说明，星光被吸收时的精细结构常数，比我们在地球上的 $\alpha$，小了那么一点点。小了多少呢？一百万分之一。

韦伯据此宣称，也许 120 亿年前的 $\alpha$ 比现在小。韦伯这个发现并没有引起足够的震动，因为大家都觉得他可能算错了。物理学的一切测量都是有误差的，$\alpha$ 比现在小一百万分之一？你的测量精度够一百万分之一吗？韦伯认为他的精度是足够高的，但是正如卡尔·萨根所说，“超出寻常的论断需要超出寻常的证据”，这一个证据实在不足以让人信服。

韦伯需要更多证据。

你没法在地球上做实验证明 $\alpha$ 会不会随时间变

化，120 亿年才差那么一点点，我们不可能坐在这里等着 $\alpha$ 值发生变化。但是地球上还真有“老东西”可以让你测量。

1970 年，有人发现地球历史上——确切地说是 20 亿年前，曾经存在过一些天然的核反应堆。核反应需要铀 235，现在自然界的铀 235 都已经衰变得差不多了，但是 20 亿年前，地球上铀 235 的密度还比较高，以至于可以发生天然核反应。而通过当年那些天然核反应堆带来的放射性现象的情况，物理学家可以估算那时候的 $\alpha$ 值。

这件事甚至惊动了我们非常熟悉的物理学家弗里曼·戴森（Freeman Dyson）——顺便说一句，戴森先生在 2020 年去世了，享年 96 岁。但是戴森失望了，因为测量的结果是 $\alpha$ 值几乎没什么变化。

不过后来又有人做了更精确的测量，认为 20 亿年前的 $\alpha$ 值，跟今天大概有“10 亿分之 45”的差异[3]。这真是微不足道的一点点，但是！请注意，这个测量结果是 $\alpha$ 值比今天大了这么一点点。

对韦伯来说，如果这个数字可信，就有点尴尬了。你测的是以前的 $\alpha$ 值比现在小，可人家测的是比现在大。那在我们旁观者看来，最合理的解释就是你们测出来的都是误差。

但韦伯没有放弃。也许 $\alpha$ 值就是可以变来变去！

我前面讲你没法直接在地球上等着 $\alpha$ 值变化，因为你等不了 120 亿年——这话其实讲错了。进入 21 世纪，物理学家测量光谱的手段已经到了无比精确的程度。如果 $\alpha$ 值真的能在 120 亿年中变化一百万分之一，如果这个变化是均匀的，那它的那个变化率，在几年，甚至几个月之内的影响，我们现在都可以测出来。

而测量结果是 $\alpha$ 值现在没有变化。就算有，也绝对不是 120 亿年能变大一百万分之一那么快的变化速度。

当然韦伯仍然没有气馁。他完全可以说，也许以前变过，现在又不变了。

2011 年，韦伯团队证明了自己不是在开玩笑。他们用智利的一个天文望远镜观测了另一个类星体的星光，又发现了吸收谱线的不一致之处。而这一次，韦伯推算出来，以前的 $\alpha$ 值比现在要大[3]。

好，咱们现在捋一捋，截止到 2011 年，我们知道 $\alpha$ 值——

· 夏威夷的望远镜发现以前比现在小；

· 智利的望远镜发现以前比现在大；

· 地球天然反应堆的测量发现以前要么比现在大，要么跟现在一样；

· 地球精确谱线测量说现在 $\alpha$ 值不再变化了。

请问你能从中得出什么结论呢？

韦伯得出了一个洞见。

韦伯说，$\alpha$ 值其实并不是在随着时间变化，而是在随着方向变化。我们从类星体的星光上看到的 $\alpha$，既是过去的，也是远方的——你以为那是因为在过去，其实那是因为在远方！

为什么夏威夷和智利的观测结果相反？因为夏威夷在北半球，智利在南半球。我们知道南北半球的星空是完全不同的，两个望远镜看到的是宇宙中两个相反的方向！也许 $\alpha$ 值在宇宙的各个方向是不一样的，也许宇宙不是各向同性的！

这就引出了 2020 年的新闻[4]。

***

2020 年 4 月，韦伯团队发表了一篇新论文[5]，一次列出了 4 个新的 $\alpha$ 值观测结果，其中有的比标准值大，有的比标准值小，有的观测物质距离我们远，有的距离我们近。然后他们把这 4 个值和此前其他团队观测到的 319 个结果进行了比较——其他团队观测的一些 $\alpha$ 值跟标准值也有相当的偏差。把所有结果放在一起，韦伯团队的结论是，$\alpha$ 值在宇宙空间中似乎有一个与方向有关的变化。

所以现在基本结论是——

第一，$\alpha$ 值极其有可能是可变的；

第二，这个变化是往大了变还是往小了变，与时间无关，与到我们这里的距离远近无关；

第三，这个变化很可能与宇宙空间的方向有关。

怎么理解这个发现呢？

首先我们必须注意，这一切仍然主要是韦伯团队在鼓吹，整个物理学界仍然是观望的态度。毕竟现有的数据仍然非常杂乱，效应实在太微小了。

但是，如果前面说的那些“可能”都是真的，这个事儿可就大了。这是对物理学基本观念的改写，韦伯绝对应该拿个诺贝尔奖。

光速不变是相对论的基石，普朗克常数是量子力学的基石，难道电荷是可变的吗？难道说电荷不应该是一个数字，而是一个矩阵？不论如何，基础物理学都必须改写。

不过物理学家对此早有思想准备。以前就多次有人提出也许物理常数是可变的，2006 年还有人测量发现，120 亿年前的质子与电子质量之比，比现在可能大了 0.002% [7]。如果这些都是真的，引力之外的几个基本相互作用就都得重新理解了。

不过请注意，参数可以变，不是说物理定律就失效了——也许我们只是把物理定律想得太简单，用一个数字代表了一个复杂的物理机制而已。也许更深层的定律可以把那些看似从天而降的数字都算出来——而这正是理论物理学家早就想要的。

宇宙有可能不是各向同性的，则是更大的思想冲击。

我们经常说宇宙没有中心，到处都大致是一样的，因为物理定律没有方向，所以才有角动量守恒。而宇宙微波背景辐射的测量也的确表明宇宙各处真的相当均匀。不过正如报道所说[8]，美国的一个团队通过观测 X 射线，似乎也发现宇宙有方向性，而且似乎跟韦伯的观测相符合。

我的看法仍然是这一切都可能是偶然的统计噪音。但如果宇宙中真的存在特殊的方向，那只能说我们仍然非常不了解这个宇宙。

# 番外篇 4：我们生活的这个世界是计算机模拟出来的吗

这一节我们要用严肃的态度讨论一个学术问题：我们生活的这个世界，到底是真实的存在，还是某个更高级的文明中的什么人用计算机模拟出来的、像电子游戏一样的存在——你、我，我们这些人，到底是我们以为的那种真正的人，还是计算机生成的 NPC（非玩家角色）？

***

八宝饭撰写了一本名叫《道长去哪了》的网络小说，其中有个非常有创造性的设定。

传统上佛家和道家都认为有不同类型的“世界”存在。八宝饭在小说中说，我们地球人现在生活的这个世界，叫“末法诸天”，也可以叫末法世界。这里的特点是没有魔法。你所谓修个道念个佛其实都是学习人生哲学，也许能让你心情更好，但是你怎么修也修不出神通来。

但还有一种世界叫“灵力诸天”，那里存在一种宝贵的修炼资源，也就是“灵力”。有灵力就可以真正地修行，只不过你可能得有天生的资质才行。灵力世界是修行者和凡人共处的世界，大家寿命都很有限，但是你只要修炼就有“飞升”的可能性。飞升，是去更高级的世界。

比“灵力诸天”更高级的一种世界叫“混沌诸天”，那里面住的就都是修行者了。再往上还有更高级的地方，等等。

八宝饭这本书的创造性设定是，小说里的世界不是一个真实世界。它是某个混沌诸天里的十位神仙用神识想象出来的世界。如果这个世界能够很好地演化下去，能立住，想象这个世界的神仙们就可以获得永生。这个世界里也有花草树木飞禽走兽，也有普通人和修炼者，有文化和历史，基本上就是中国大唐时代。身处这个世界中的人真实地感觉自己是一个有意识的主体，而且也可以飞升到别的世界中去。小说的剧情展开，则是这个世界出问题了……

这是我第一次在修仙小说中看到“世界是计算机模拟出来的”这样的设定。当然你叫“神识想象”“庄周梦蝶”“黑客帝国”都可以，本质是一个意思。

我要说的是，你我身处的这个世界未必就不是这样的。也许真相比小说还神奇。

在 2016 年的一个访谈中[1]，埃隆 · 马斯克（Elon Musk）说：“我们所处的世界是真实的可能性不到几十亿分之一。”换句话说，我们这个世界应该是计算机模拟出来的。他为什么这么说呢？咱们讲讲其中的道理。

先说好什么叫真实，什么叫模拟。如果世界是“真实”的，那就是说它是一个客观独立的存在，不依赖任何外部支持系统，自己就能演化下去。为什么抛出的石头会掉下来？因为物理定律就是这样的，它自动就会掉下来。

反过来说，我们猜测世界有可能是世界以外的某个智能——也许是一台计算机——“模拟”出来的。为什么石头会掉下来？因为计算机程序一帧一帧地安排了它的运行轨迹。如果外部那台计算机突然没电了，我们这个世界也就不存在了。

乍一看，你可能觉得“世界是模拟的”只是一个有意思的猜想，反正也不能证伪，好像不值得严肃对待。其实不然。这里面有个非常有意思的推理。你确实很难从逻辑上彻底证明世界是不是模拟的，但是我们可以估算一下概率。

2003 年，牛津大学哲学家尼克·波斯特罗姆（Nick Bostrom）发表了一篇论文[2]。这篇论文一出，很多人就都相信我们这个世界是模拟的了。为什么呢？

波斯特罗姆煞有介事地弄了一番数学计算，其实他的论证非常简单。他说，以下这三个论断之中，至少有一个是真的 ——

1. 人类将会在达到能用计算机模拟世界的技术水平之前消亡。

2. 即便我们达到了能模拟世界的技术水平，我们也不愿意去模拟世界。

3. 我们几乎肯定是生活在一个计算机模拟世界之中。

用计算机模拟一个世界是非常困难的。当然做个电子游戏很容易，但是难点在于你怎么能让游戏中的人物都有自己的意识。我们现在连到底什么是意识、意识是不是纯算法的、人脑到底是不是计算机程序都不知道。也许有一些无法克服的技术限制，使得我们永远都做不到去模拟一个世界。

而且就算能做到，我们也可能出于道德或者别的什么原因，不去做这样的事情。

但如果有一天我们真的能用计算机模拟世界，而且还愿意模拟世界，你猜我们会模拟几个世界？

肯定不止一个。这就好像开发计算机游戏一样。一旦有了开发游戏的技术和意愿，我们肯定会开发很多不同类型的游戏。也许那时候的人类就以创造世界为乐趣。也许像写小说一样，创造一个高级世界能给创造者带来某种好处。人们会创造各种各样的世界。

所以模拟出来的世界一定比“真实”世界多得多。

那现在你出现在一个世界里，你觉得你碰巧遇到的是一个真实世界的概率能有多大呢？如果盗版书的质量跟正版一样，而且盗版完全合法，而且盗版书更便宜，盗版书的数量肯定远远超过正版书，那你上街买了一本书，你猜是盗版还是正版？

这就是波斯特罗姆和马斯克的逻辑。

如果你相信人脑就是计算机、人脑是可以模拟的，你相信整个宇宙和人类文明的演化都是可以用计算机模拟的——那么根据上面的推理，你就应该相信，我们其实就是被模拟出来的。

如果世界可以被模拟，世界就是模拟的产物。

那我们这个世界到底是不是模拟的？很多人从世界本身的性质去推测，但是现在看来说服力不够大。

有个流行的段子说，这个世界之所以不允许超光速运动，就是因为它是模拟的，是程序员有意的设定，因为高速运动不容易模拟。这个论证肯定是错的。稍微了解一点相对论的话，你就会知道，物理定律的关键可不是不能超光速，而是光速不变——为了这个设定，这个宇宙的时空必须是可伸缩的：这样的设定其实是让模拟更麻烦了，而不是更容易了。

你还可以设想，如果世界是模拟的，它运行起来就有可能会出毛病，肯定需要系统管理员维护，可能还需要版本升级，那我们为什么从未有过这种体验呢？这可能是人类智能生活的时间太短，没能赶上维护；也可能维护时刻都在发生，只是系统设定我们无法感知到而已。

还有一个论点是，如果宇宙是模拟的，为什么要模拟得那么大呢？我们现在推测，宇宙甚至有可能是无穷大的，那如果只是模拟一个世界给人看，有必要弄这么大吗？无数的星球各有各的特色，都无比复杂，没人看岂不是白白消耗算力？这个论点也不够过硬，也许人家就有能力弄那么大。

比较过硬的判据有两个。第一个是量子力学。我们知道计算机模拟是完全靠数学驱动的，而数学方程里面没有真正的随机性。如果量子力学中的随机是真随机，那就说明我们这个世界不是纯粹用数学能解释的，那就说明它不是模拟出来的。

还有一个判据是时空的颗粒度。我们用的计算机本质上都是数字设备，只能模拟有理数，理论上，它只能模拟具有有限颗粒度的时空。但如果这个世界的时空是可以任意细分的，是实数的，那它就至少不可能用我们这种计算机模拟。

这些只能留待物理学进步了。现在来说，我们最好的判断方法还是使用波斯特罗姆的思路，关键在于"算力"[3]。

就已知的物理学而论，我们这个世界能用计算机模拟吗？非常非常困难。

如果是像"缸中之脑"那样只模拟人的感知，那种情形是万能的，完全不可证伪，没有讨论的必要。我们只讨论，如果用计算机模拟这个世界的一切，你诚实的做法，是必须模拟其中所有的物理过程，不管当时有没有人看。这样的模拟无比消耗算力。

比如说，把夸克绑定成质子和中子的力叫强相互作用，其计算就无比复杂。物理学家已经知道强相互作用的方程，可是想要用这个方程去忠实地模拟一个原子核，都是根本做不到的。物理学家必须引入一些近似的，比如说假定时空有比较大的颗粒度，而不能可丁可卯地算——就算是这样，以目前计算机的算力，也只能模拟一个氦原子核，其中只有两个质子和两个中子。

那你想想，要再过多少年才能模拟一个真正的原子，模拟一个分子呢？更不用说模拟一个人和模拟整个世界了。

2017 年，牛津大学的两个理论物理学家就是用算力论证，否定了计算机模拟宇宙的可能性[4]。他们列举了几个物理过程，包括“量子霍尔效应”之类的，在计算上不但实在太过复杂，而且复杂度随着粒子数目增加呈指数增长——想要模拟比如说 200 个电子的运动，就得需要一台把整个宇宙的粒子都用上的计算机。

所以如果你想要创造一个世界的话，模拟真是个笨办法，还不如直接大爆炸一个真的呢。当然也可能是因为我们已知的计算方法都太落后了，也许先进文明有别的办法。

***

总而言之，这个世界如果是可模拟的，我们就麻烦了。

设想五十年后，真的有个公司开发了这么一个游戏。游戏里的场景跟真实世界一模一样，以至于物理学家都测不出毛病来。游戏里的 NPC 都有真实的意识，看起来跟真人完全一样。那一天人们肯定会为之欢呼。

但是第二天，所有人都会马上意识到，我们其实也是别人模拟出来的。

那将是人类历史上一个非常有意思的时刻。

好在我们这个宇宙似乎足够复杂，而且是“不可约化的复杂”，也许根本就不能用更简单、更节能的方法模拟，唯一的办法就是老老实实重新演化一遍。

可是话又说回来，如果连计算机都算不了，宇宙中的万事万物到底是怎么自己就会演化的呢？如果世界不是模拟出来的，它又是个什么呢？

# 番外篇 5：“量子隧道效应”的新谜题

费曼在《QED：光和物质的奇妙理论》这本书中有个感慨：“物理学中事情变化之快往往超过书籍出版的速度。”那本书出自费曼给外行搞的一个讲座。在讲座结束之后，费曼听说了实验中发现的一些可疑事件，其中可能涉及讲座中没有提到的新粒子和新现象，就在新书的校样中加了个注释。结果过了几个月，费曼又判断那些可疑事件是虚惊一场，于是又加了一条注释的注释……

我们这一节要讲的就是这么一个可疑事件。前面我们讲过一个现象叫“量子隧道效应”，也叫“量子隧穿”。这个效应允许一个粒子穿过比它的总能量更高的势能壁垒，也就是允许粒子穿墙。量子隧穿最初是人们解薛定谔方程解出来的一个数学解，后来在很多物理过程中都发现了它。正因为有量子隧穿，原子核才可以衰变，太阳内部才可以发生核聚变，植物才有光合作用，DNA 才能自我修复。科学家还利用这个效应发明了“扫描隧道显微镜”。

量子隧穿本身是个很怪异的事情。总能量小于势能，这意味着在穿墙的那一瞬间，粒子的动能是个负数！在真实世界，人怎么能穿墙而过呢？但是在量子世界，量子力学偏偏就允许有一定的概率，让这件事可以发生。我当时说，对此可以有两种解释：一种是我们干脆接受量子力学可以违反能量守恒；另一种是我们认为量子世界里的能量具有不确定性，可以通过一个涨落变得高于势能。

其实我们并不真的理解量子隧穿。但是大自然的事实俱在，我们接受它，我们认了。我当时讲的那些是物理学家公认的说法。

但是，就在 2020 年 7 月，一个最新的实验研究[1]，证实了量子隧穿的一个更奇怪的性质。

我们之前只关注了粒子可以穿过势能壁垒，但没在意它是如何穿过壁垒的，特别是，它穿过壁垒需要的时间是多少，也就是它的穿墙速度可以有多快。

这个研究告诉我们，粒子穿过壁垒的速度，可以超过光速。

你的第一反应应该是这不可能。你的第二反应应该是，怎么定义粒子的“速度”？

我们知道，在量子世界里，粒子并没有一个确定的位置，包括能量和时间都具有不确定性。位置都不确定，粒子穿墙的距离当然也是不确定的，而速度 = 距离 / 时间，所以速度也具有不确定性。

但是你得承认粒子肯定有一个速度。它曾经在墙的一边，后来在墙的另一边，它肯定运动了，它必然在某个时间内走过了某个距离。物理学家有办法计算一个统计学意义上的穿墙距离，测量一个统计学意义上的穿墙时间，并由此计算一个统计学意义上的穿墙速度。

比如说，我们可用“概率波”代表粒子出现在某地的概率，然后考察这个概率波的运动。

物理学家有至少十种方法定义量子世界中粒子的速度，而不管用什么方法，实验结论都是穿墙速度有时候可以超光速。

其实这个结论并不是现在才发现的。早在1962年，德州仪器公司的一位半导体工程师，托马斯·哈特曼（Thomas Hartman），就已经在实验中发现穿墙可以超光速了[2]。但是当时的测量手段没有那么精确，人们并不是很重视。现在物理学家有更高级的测量方法，2019年就有人证明过穿墙超光速的现象，2020年是最新的一次，所以这个结论比较扎实。

***

超光速还不是唯一的怪异之处。哈特曼等人还发现，同样是让粒子从这里走到那里，中间有墙、粒子必须穿墙的时候，它走得比没有墙的时候更快。

当然量子隧穿的发生是有概率的。有墙的时候粒子有很大概率根本过不去这道墙的。但是，如果它过去了，墙就不但没有减慢它的移动速度，而且还给它来了个加速。

更进一步，墙的宽度，似乎并不怎么影响穿墙的时间。

换句话说，墙是厚一点还是薄一点，都只影响穿墙的概率，而不影响穿墙的时间。这就是为什么当墙足够厚的时候，穿墙速度就超光速了。

什么意思呢？给我的感觉，就好像粒子直接跳过了墙，或者从墙的一侧直接穿越到了另一侧一样。

最新实验用的是铷原子穿墙。实验没办法实时观测铷原子从头到尾到底经历了什么，但是计算表明，铷原子似乎在墙的两侧停留的时间比较长，而在墙的内部走路用的时间非常短。

这种感觉就好像一个会法术的人表演穿墙。前一秒他还站在墙的这边停了停看了看，后一秒他已经在墙外了。你仔细盯着也没看清他到底是怎么穿过去的。算一算时间和距离，你发现他穿墙的速度超过了光速。

怎么理解这个事儿呢？不知道。有人说量子隧穿发生的概率比较低，用来传递信息是不可靠的，所以这不能算超光速的信息传递，所以也就没有违反狭义相对论。我对此评论表示不以为然，太牵强了。

但我们可以说的是，这个事儿已经不仅仅是“可疑事件”了。连着两个最新实验研究都证实了，而且论文发表在了《自然》（*Nature*）杂志上。

这件事有什么意义，对大自然有什么影响，将来会有什么应用，我们统统都不知道。

我大概只能说，量子力学就如同一位充满神秘气质的女性，性格很怪异。你渐渐意识到你这辈子是不可能理解她了，但是你仍然可以记下她的种种怪异之处，这样至少你能说你了解她……

可是有一天，她又给你来了个新的惊喜。

现在你甚至不能说你了解她。

# 番外篇 6：物理学家的冷笑话

量子力学讲完了，最后咱们讲点轻松的东西，说几件量子物理学家的趣闻[1]。

物理学家整天思考抽象和怪异的事物，进行冷酷无情的计算，发明匪夷所思的理论，但是他们并不是另一种生物。他们也有喜怒哀乐，也有傲慢与偏见，只不过思路和一般人可能有点不一样。

了解了物理学家的行为规律，也许你会更理解他们。

## 生活中的物理学思维

物理学家喜欢把各种事物都量化分析。在哥本哈根的一次聚会上，狄拉克提出一个关于美女的理论。他说欣赏女性，一定存在一个最佳的距离 $d$。距离太远什么都看不清，所以 $d \neq \infty$；距离太近了就会看到脸上的皱纹和瑕疵，所以 $d$ 也不能太小——那么 $d$ 必定是 0 到无穷远之间的一个数值。

当时伽莫夫正好在场，他问狄拉克，你观察过女性的最近距离是多少？狄拉克用手比量了大约两英寸的一个距离，说“大概这么近”。

另有一次，狄拉克和一个朋友散步。朋友身上带着一个药瓶，一边走一边发出药在里面碰撞的声音，朋友对此表示歉意。狄拉克想了想说：“我认为药瓶半满的时候发出的声音最大。”有物理学家对此分析说，狄拉克的这个思路跟美女理论是一样的：空瓶显然没有声音，太满了也没什么声音。

除了物理学之外，狄拉克几乎不关心其他任何事物，也没什么娱乐，但是玻尔爱好看电影，尤其是好莱坞西部片。不过玻尔有时候会质疑剧情的真实性。

有一次玻尔说，电影里演一个姑娘独自在野外行走，失足跌下悬崖，她立即抓住一块石头……在这个危急关头正好有个牛仔路过，救下了姑娘……这种事情发生的概率应该很小，但我也能理解——可是从概率角度，怎么能那么巧，就在同一时刻，旁边正好有个摄影师，把这一切记录下来呢?

还有一次，玻尔的一个学生说，电影中总是坏人先拔枪，英雄后拔枪，但英雄却是先开枪，这不合理。对此玻尔认为，英雄没有罪恶感，所以拔枪速度更快。

玻尔研究所的学生们除了给原子轨道分类，也给哥本哈根的姑娘们分了类——

1. 你完全忍不住要看；

2. 你很想看，但是可以做到不看；

3. 你看不看都无所谓；

4. 你看了会感到不如不看；

5. 你想看都看不下去。

同样的标准也适用于电影。如果认定是第五类电影，他们就会离开电影院。

## 专注

如果说物理学家相对于普通人有什么超能力的话，我认为其中一项必定是专注。

而专注的表现是对其他事心不在焉。

有一次玻尔在一个人家里参加聚会，每个人都有一杯酒，但是别人忘了给玻尔的酒杯里倒酒。玻尔一边跟人谈论自己的原子理论，一边拿起空杯来喝酒。他喝了三次之后，旁边一个朋友再也看不下去了，问："你在喝什么啊？"

玻尔这才看了看酒杯，说："我也奇怪呢，这酒怎么一点味道都没有？！"

狄拉克也是一个经常心不在焉的人，不过他认为自己的症状并不是最严重的。在七十岁生日宴会上，狄拉克分享了数学家希尔伯特的一个故事。

有一天希尔伯特散步的时候遇到了实验物理学家詹姆斯·弗兰克（James Franck），就说："你妻子也像我妻子一样卑鄙吗？"弗兰克不知道如何回答是好，就问："你妻子做什么了？"

希尔伯特说："我今天早上才十分偶然地发现，她给我的早点，居然是不加鸡蛋的——天知道这种事情已经发生多少次了。"

## "泡利效应"

传说中，理论物理学家都"克"实验仪器。他们要是出现在实验室，就会有仪器莫名其妙地坏掉。而这位理论物理学家的水平越高，"克"仪器的效应就越明显。杨振宁就曾经被人说"哪里有杨振宁，哪里就有爆炸"。因为这样的事最经常发生在泡利身上，人们称之为"泡利效应（Pauli effect）"[2]。

人说泡利走进哪个实验室，哪个实验室就会出事。发现电子自旋的那个“斯特恩 - 盖拉赫”实验里的实验物理学家斯特恩，因为十分迷信泡利效应，正式禁止了泡利进入自己的实验室。

1948 年，苏黎世的荣格学院搞开幕典礼，邀请泡利参加。泡利一进门，桌子上一个装满水的瓷花瓶就无缘无故地掉到地上摔碎了。1950 年泡利访问普林斯顿大学，人们在他到来之前就有点担心泡利效应。结果泡利刚到，普林斯顿的回旋加速器装置就着火了[3]。

还有一次，前文说过的那位实验物理学家弗兰克，在哥廷根大学做实验。在没有任何迹象的情况下，他的一个复杂装置突然坏了。弗兰克很懊恼，不过他写信给泡利说，这次至少不是你的原因。结果没过几天泡利回信，说他那天坐火车从苏黎世去哥本哈根，火车在哥廷根车站停了一会儿，好像正好是实验装置坏掉那个时刻。

人人都知道了泡利效应，有几个年轻物理学家就想恶搞一下泡利。在一次学术会议上，几个人设计了一个装置，在会议室的门上安装了导线，只要一推开门，就能发出爆炸的声音。他们精心安排好，泡利果然到来，推门而入……但是什么也没发生。原来那几个人测试了好多遍的装置，居然坏了！泡利效应再次得到印证。

## 傲慢

很多物理学家有强烈的自豪感，泡利大概是最自信的一个。

泡利的前妻是一个舞蹈演员，跟泡利离婚之后嫁给了一个化学家。泡利听说之后感到很惊讶，对一位朋友说："她要是嫁给一个斗牛士，我还能理解。嫁给化学家？"

泡利总是给人直言不讳的批评。有人曾经听到他在讨论中如此对玻尔说话："别说了！别犯傻了！"玻尔保持了温和和克制，说："但是，泡利你听我说……"泡利说："不，我不听！这是胡说，我不想再多听一个字！"

有一次朗道——这位可是苏联最厉害的物理学家，是天才人物——在会议上发言，也被泡利打断。朗道想要解释，泡利说："朗道，不用了！你出去想想吧！"

大家都对此表示容忍，并且把泡利视为"物理学的良心"。

但是人们也会编排泡利几句。泡利晚年很想知道为什么"精细结构常数"是$\frac{1}{137}$，但没有找到答案。他最后在苏黎世住院的病房号码正好是137。人们据此在泡利逝世后编了一个笑话——

泡利见到上帝，上帝问他有什么要求。泡利请求上帝解释一下精细结构常数为什么是$\frac{1}{137}$。上帝就把证明写在纸上给他看。泡利看完之后说："这是错误的！"

## 谦逊

不过大多数物理学家都是非常谦逊的，他们只是有时候很反感庸常的琐事，不愿意被人当成什么模范。

1954年，有感于社会对科学家骚扰过多，爱因斯坦给一家杂志写信说："如果我能再次年轻，在当前环境下，为了保持一定的独立性，我宁可去当个水管工……"后来芝加哥市水管工协会给了爱因斯坦一个会员资格。

还有一次，一个诗人采访爱因斯坦，问他是怎么工作的。爱因斯坦说我每天早上散步。诗人问："那你是不是随身带着一个小本本，随时记录思想？"爱因斯坦说："不，我不这样。你不知道，产生思想的时候很稀少。"

狄拉克得知自己得了诺贝尔奖之后，因为不愿意变成公众人物，一度打算拒绝领奖。卢瑟福告诉他，如果拒绝诺贝尔奖，你会引起公众更多的关注，狄拉克才同意领奖。

玻尔研究所的讨论气氛非常民主。有一次玻尔去苏联朗道的研究所访问，有人问他，建设世界一流的研究所，有什么经验能告诉我们吗？玻尔说："也许是我不惧怕在学生面前显露我的愚蠢。"

但是苏联翻译把这句话翻译错了，说成了"我惧怕在学生面前显露愚蠢”。对此有人评价说，这恰恰是两个研究所的差别啊！

费曼曾经在美国洛斯阿拉莫斯国家实验室工作过，参与设计原子弹。当时玻尔也在，玻尔是物理学家中的大人物，被视为神一样的存在，费曼只是一个小字辈。玻尔开讨论会的时候，费曼只能坐在后排角落里，完全不引人注目。

但是有一天，玻尔的儿子打电话给费曼，说玻尔要单独跟他聊。费曼说你是不是搞错了，我只是费曼。玻尔儿子说没错就是你。

费曼见到玻尔，玻尔立即说：“关于增加爆炸威力，我有个想法是这样的，你看行不行……”

费曼说：“这不行，你看……”

玻尔又说：“那这样行不行？比如说……”

费曼说：“这个好一些，但是也不太行……”

两人就这样讨论了两个小时，其间各种争论，费曼毫不畏惧。讨论到最后总算有了点眉目，玻尔说：“现在我们可以把大头头们叫来讨论了。”

事后玻尔的儿子告诉费曼，玻尔之所以点名要跟费曼单独聊，是因为他注意到，费曼是讨论会上唯一一个不怕他的人。

费曼的故事能写两本书，而我们的篇幅只够再说一个。费曼得了诺贝尔奖之后感到为盛名所累，干什么都不自由。他做物理学报告会有很多外行来听，人们只是想见见诺贝尔奖得主，费曼不知道怎么讲才能让这帮人满意。

有一次，学生组织的物理俱乐部又请费曼做报告。费曼想了个办法，让学生们编造一个不知名的教授名字和一个不太吸引人的题目。

报告的海报是："华盛顿大学的亨利·沃伦教授将于 5 月 17 日 3 点在 D102 教室做关于质子结构的报告。"

当天下午，费曼出现在讲台上。他说："沃伦教授临时有事来不了，打电话问我能不能替他讲。我正好也做了一点这方面的工作……"

***

有的人把物理学家当成不近人情的人，有的人把物理学家当成充满悲情的殉道者，我觉得那些形象太可怕了。物理学家只是一些探索者，也许比普通人更纯粹一些。

# 量子英雄谱

普朗克和爱因斯坦通过解决黑体辐射和光电效应问题，迈出了量子力学的第一步：光是一种粒子。

居里夫人发现放射性，汤姆孙发现电子，卢瑟福意识到放射性是原子的分裂，卢瑟福发现原子核并且提出了更好的，但仍然不正确的原子模型，玻尔的量子版原子模型能解释整个化学。原子的世界被打开了。

德布罗意意识到一切物质都有波动性，“波粒二象性”被约瑟夫·汤姆孙的儿子等人用实验证明。量子世界的规律开始在物理学家面前展现。

海森堡揭示了不确定性原理。当时的他并没有意识到，这个原理既代表了物理学的探索边界，又是量子世界最核心的规则。

薛定谔写下波动方程，玻恩揭示了波函数的意义，量子力学从此正规化……而物理学家们因为“上帝掷不掷骰子”分裂成两个阵营。

除了量子隧穿，伽莫夫对物理学最大的贡献是他提出了大爆炸理论，并且预言了宇宙微波背景辐射的存在。他同时还是一位科学作家，写过《物理世界奇遇记》（*The New World of Mr Tompkins*）和《从一到无穷大》（*One Two Three...Infinity*）这样的名著。

狄拉克用强硬的数学功夫预言了正电子的存在，并且给自旋找到了理论解释，为量子力学拼上了一块关键拼图。

泡利提出不相容原理，完成了量子力学理解原子的最后一块重要拼图。

费曼生于1918年，他出道的时候量子力学的主要理论已经大功告成。但费曼为量子力学贡献了“路径积分”这个表达方式，他还是量子电动力学理论的关键完成者，并据此拿到1965年诺贝尔物理学奖。他的“费曼图”把微观粒子的相互作用形象化，大大方便了计算。费曼同时还是最机智的物理学家，深受粉丝爱戴。

贝尔用一个巧妙的定理，无可辩驳地证明了爱因斯坦是错的，量子力学里真的有“鬼魅般的超距作用”。

惠勒对量子力学大厦没有决定性的贡献，但是他的奇思妙想启发了几代物理学家。他是氢弹的主要设计者，是“黑洞”这个词的发明人，喜欢发表惊人之语。惠勒善于培养学生，而且活得很久，是最后一位去世的哥本哈根学派物理学家。

# 注释

## 1. 诡秘之主

［1］这个实验叫作伊利泽－威德曼炸弹实验（Elitzur－Vaidman bomb tester），已经在1994年实现。图片来源：https://ocw.mit.edu/courses/physics/8-04-quantum-physics-i-spring-2016/，编者翻译。

## 2. 孤单光量子

［1］图片来源：Samuel J. Ling et al., *University Physics* (2016)，编者翻译。

［2］图片来源：https://quantummechanics.ucsd.edu/ph130a/130_notes/node48.html，编者翻译。

［3］图片来源：khanacademy.org。

［4］原文为：A new scientific truth does not triumph by convincing its opponents and making them see the light, but rather because its opponents eventually die, and a new generation grows up that is familiar with it。

# 3. 原子中的幽灵

[1] 你要非得说，文字还可以分成笔画，笔画还可以分成墨点，墨点还可以分成分子和原子……那你就犯了逻辑错误，你脱离了传递信息的最小单位这个范畴。

[2] 图片来源：https://askeyphysics.org/2015/01/25/119-12315-con-of-mom/plum-pudding-model-thomson/，编者翻译。

[3] 原文为：All science is either physics or stamp collecting。

[4] Steven Weinberg, The Crisis of Big Science, *The New York Review of Books*, May. 10, 2012.

[5] 图片来源：https://www.ck12.org/chemistry/gold-foil-experiment/lesson/Rutherfords-Atomic-Model-MS-PS/，编者翻译。

[6] 图片来源：https://profmattstrassler.com/articles-and-posts/particle-physics-basics/the-structure-of-matter/atoms-building-blocks-of-molecules/atoms-their-inner-workings/，编者翻译。

[7] 图片来源：维基百科，编者翻译。

[8] 图片来源：维基百科，编者翻译。

[9] 图片来源：https://chemistryonline.guru/atomic-structure-

numerical-part-2/，编者翻译。

## 4. 德布罗意的明悟

[1] 邓小平：《邓小平文选第三卷》，人民出版社 1993 年版。

[2] 图片来源：https://curiosity.com/topics/the-double-slit-experiment-cracked-reality-wide-open-curiosity/，编者翻译。

[3] 图片来源：Wikimedia Commons。

[4] 图片来源：YouTube 视频。

[5] 图片来源：https://astro-chologist.com/synastry-and-constructive-interference-big-announcement/，编者翻译。

[6] 图片来源：https://nature.berkeley.edu/classes/eps2/wisc/geo360/Xl3.html。

[7] 图片来源：https://courses.lumenlearning.com/physics/chapter/29-6-the-wave-nature-of-matter/。

[8] 图片来源：维基百科，编者翻译。

[9] 图片来源：Wikimedia Commons。

## 5. 海森堡论不确定性

［1］严格地说，这个 Δ 的意思是统计分布的方差。

［2］图片来源：Marco Masi, *Quantum Physics: An Overview of a Weird World* (2019)。

［3］图片来源：同上，编者翻译。

［4］图片来源：https://crackingthenutshell.org/heisenbergs-uncertainty-principle/，编者翻译。

［5］图片来源：http://megaanswers.com/at-what-speed-does-the-electron-move-around-the-nucleus/。

［6］图片来源：https://www.universetoday.com/38282/electron-cloud-model/。

## 6. 薛定谔解出危险思想

［1］指天地有规律运行的自然机能。

## 7. 概率把不可能变成可能

［1］如果想要正经八百地学习这一节求解的过程，你可以使用任何一本大学物理教科书，或者参考麻省理工学院的一门公开

课的笔记：8.04 QuantumPhysics I Spring 2016, Lecture 10 & Lecture 11. MIT OpenCourseWare，https://ocw.mit.edu。

［2］图片来源：M. Humphrey et al., Idiot's Guides, *Quantum Physics*，编者翻译。

［3］图片来源：chem.libretexts.org。

［4］图片来源：Wikiwand。

［5］图片来源：rankred.com，编者翻译。

［6］图片来源：维基百科，编者翻译。

［7］图片来源：维基百科。

## 8. 狄拉克统领量子电动力学

［1］图片来源：维基百科，编者翻译。

［2］图片来源：nitt.edu。

［3］图片来源：simply.science。

［4］请注意你不能把这个等式代入到一开始那个关于 $\Psi$ 的式子之中去！因为现在是另一个实验了。另外，如果两个方向不是垂直的，概率就会有相应的改变：方向越接近，概率就越接近 1。

［5］严格地说，各个 $e$ 态之间应该是“互相正交”的，也就是说它们应该互不隶属、互相独立。

## 9. 世间万物为什么是这个样子

［1］图片来源：Wikimedia Commons，编者翻译。

## 10. 全同粒子的怪异行为

［1］C. K. Hong, Z. Y. Ou, L. Mandel，Measurement of Subpicosecond Time Intervals Between Two Photons by Interference，*Physical Review Letters* 59 (1987).

［2］图片来源：https://www.indiamart.com/proddetail/laser-line-plate-beam-splitters-7112372297.html，编者翻译。

［3］图片来源：维基百科。

［4］为什么 180 度要变号呢？数学细节是 $e^{i\pi}=-1$。

［5］这个原理是“菲涅耳方程”，关键在于分束器的厚玻璃和空气的折射率非常不同。详情见 K.P. Zetie, S.F. Adams, R.M. Tocknell. How Does a Mach - Zehnder Interferometer Work?, *Physics Education* 35 (2000) .

［6］事实上，如果你发射的不是两个光子，而是两束光，你

看到的就只会是往西和北两个方向走的两束光，实验无比平淡，毫无意义。

## 11. 爱因斯坦的最后一战

[1] 这张图是玻尔画的。本节所有历史图片均出自玻尔档案文件。

[2] 这张图也是玻尔画的。

[3] 这里我们采用了 Marco Masi, *Quantum Physics: An Overview of a Weird World* (2019) 一书中一个稍微简化的版本和图片。

[4] [美] 理查德·费曼:《QED：光和物质的奇妙理论》，张钟静译，湖南科学技术出版社 2019 年版。

## 12. 世界是真实的还是虚拟的

[1] 这个场景的创意来自 Jed Brody 的 *Quantum Entanglement* (2020) 一书。

[2] 原文为：Do you really believe that the moon isn't there when nobody looks?

[3] 贝尔的事迹见于 George S. Greenstein，David Kaiser,

*Quantum Strangeness:Wrestling with Bell's Theorem and the Ultimate Nature of Reality* (2019) 一书。

[4] 原文为：The proof of von Neumann is not merely false but foolish!

## 13. 鬼魅般的超距作用

[1] 这个简化版故事的发明人是美国物理学家戴维·默明（David Mermin）。经济学家斯蒂文·E. 兰德博格（Steven E. Landsburg）在 *The Big Questions: Tackling the Problems of Philosophy with Ideas from Mathematics, Economics and Physics* (2009) 一书中对其做了更通俗的改编，我们讲的基于这个改编版。

[2] 严格地说，贝尔不等式并没有彻底否定“隐变量”理论。也许测量仪器和隐变量一起决定了电子的自旋到底是向上还是向下，而测量之前的电子处于被隐变量描写的随时变动的状态……但不论如何，两个电子之间都必须有一个超距作用的协调。而既然这个协调如此强硬，隐变量的影响也得服从协调，你会觉得隐变量的“存在感”已经很小了。

[3] 现在有太多人滥用量子纠缠概念，我希望你能记住一句可以破除迷信的口诀：“量子纠缠不能用于传递信息”。

[4] Sabine Hossenfelder，Tim Palmer, Superdeterminism: How to Make Sense of Quantum Physics, *Nautilus* 083 (2020).

## 14. 波函数什么都知道

[1] 图片来源：https://quantumgeometrydynamics.com/qgd-locally-realistic-explanation-of-quantum-entanglement-experiments-part-1/，编者翻译。

[2] 图片来源：同上，编者翻译。

[3] 图片来自 Anil Ananthaswamy 的 *Through Two Doors at Once: The Elegant Experiment That Captures the Enigma of Our Quantum Reality* (2018) 一书，编者翻译。

[4] P.G. Kwiat，H. Weinfurter，T. Herzog，A. Zeilinger，M. A. Kasevich，Interaction-Free Measurement，*Physical Review Letters* 74 (1995).

## 15. 用现在改变过去

[1] 图片来源：https://www.preposterousuniverse.com/blog/2019/09/21/the-notorious-delayed-choice-quantum-eraser/，编者翻译。

[2] 图片来源：Marco Masi, *Quantum Physics: An Overview of a Weird World* (2019)，编者翻译。

[3] V. Jacques et al.，Experimental Realization of Wheeler's Delayed-Choice Gedanken Experiment，*Science* 315 (2007).

［4］图片来源：同［2］，编者翻译。

［5］Francesco Vedovato et al., Extending Wheeler's Delayed-Choice Experiment to Space, *Science Advances* 3 (2017). 图 57 来自这篇论文，由编者翻译。

［6］George Musser, The Quantum Mechanics of Fate, *Nautilus* 021 (2015).

## 16. 你眼中的现实和我眼中的现实

［1］式中两个系数$\frac{1}{\sqrt{2}}$，是为了确保粒子坍缩到其中每个状态的概率都是$\frac{1}{2}$，别忘了“概率是波函数绝对值的平方”。

［2］像位置和动量是可以连续变化的，表现在波函数上就是一个连续的函数，而不是像路径和动量那样写成相加的形式。但本质是一样的。

［3］图片来源：afriedman.org，编者翻译。

［4］Massimiliano Proietti et al., Experimental Test of Local Observer Independence, *Science Advances* 5（2019）. 图 58 来自这篇论文，由编者翻译。

［5］关于这个实验的报道、解读和讨论，参见 Emerging Technology from the ArXiv, A Quantum Experiment Suggests There's No Such Thing as Objective Reality, *MIT Technology*

*Review*, Mar. 12, 2019; Alessandro Fedrizzi et al., Objective Reality Doesn't Exist, Quantum Experiment Shows, *Live Science*, Nov. 16, 2019; Alexander I. Poltorak, *Wigner's Friend Paradox*, https://blogs.timesofisrael.com/wigners-friend-paradox/。

## 17. 猫与退相干

[1] 图片来源：https://smarinarrieta.cl/la-realidad-es-una-paradoja/。

[2] 图片来源：https://iotpractitioner.com/quantum-computing-series-part-8-decoherence/，编者翻译。

[3] C.J. Myatt, B.E. King, Q.A. Turchette, C.A. Sackett, D. Kielpinski, W.M. Itano, C. Monroe, D.J. Wineland, Decoherence of Quantum Superpositions through Coupling to Engineered Reservoirs, *Nature* 403 (2000).

[4] P. Ball, How Decoherence Killed Schrödinger's Cat, *Nature* (2000), https://doi.org/10.1038/news000120-10, retrieved Jul. 27, 2020.

## 18. 道门法则

[1] 复习一下“哥本哈根解释”，在“爱因斯坦的最后一战”这节内容中。

［2］图片来源：Pinterest。

［3］Frank J. Tipler, Quantum Nonlocality Does not Exist, *Proceedings of the National Academy of Sciences of the United States of America* 111(2014), https://doi.org/10.1073/pnas.1324238111, retrieved Aug. 1, 2020. 证明比较复杂，简单地说，两个人各自测量互相纠缠的一对粒子时，世界发生了分叉；然后二人比对测量结果的时候，世界再次发生分叉，因为人也受到量子力学管辖。最后一次分叉之后仍然落在同一个世界里的两个人的测量结果必定具有相关性。

［4］图片来源：WikiCommons。

## 19. 宇宙如何无中生有

［1］原文为：To encounter the quantum is to feel like an explorer from a faraway land who has come for the first time upon an automobile. It is obviously meant for use, and important use, but what use?

［2］图片来源：https://www.theglobeandmail.com/business/technology/science/article-three-of-stephen-hawkings-most-influential-ideas/，编者翻译。

［3］图片来源：WikiCommons，编者翻译。

［4］M. Tegmark, N. Bostrom, Is a Doomsday Catastrophe

Likely?, *Nature*. 438 (2005).

［5］图片来源：E.M. Huff, The SDSS-III Team and the South Pole Telescope Team, Graphic by Zosia Rostomian。

## 20. 量子通信祛魅

［1］我用了一个最简单的办法，每四位数转换成一个十进制数字：0100=4，0110=6，……其实什么方法都可以。

［2］Karen Martin, *Waiting for Quantum Computing: Why Encryption has Nothing to Worry About*, https://techbeacon.com/security/waiting-quantum-computing-why-encryption-has-nothing-worry-about, retrieved Aug. 3, 2020.

## 21. 量子计算难在哪儿

［1］快得多是快多少呢？很难用老百姓的语言描述……这不是几个数量级的问题，差距取决于任务的大小。秀尔算法花费的是“多项式时间”，传统算法花费的是“次指数时间”，在简单问题上体现不出来，而当任务变大的时候，它们就有天壤之别了。

［2］Daniel Zender, Chemists Are First in Line for Quantum Computing's Benefits, *MIT Technology Review*, Mar. 17, 2017.

［3］Tim Childers, Google's Quantum Computer Just Aced an

‘Impossible’ Test, *Live Science*, Oct. 24, 2019.

［4］Kevin Hartnett, A New Law to Describe Quantum Computing’s Rise?, *Quantamagazine*, Jun. 18, 2019.

［5］Adrian Cho, The Biggest Flipping Challenge in Quantum Computing, *Science*, Jul. 9, 2020.

## 22. 量子佛学

［1］参见朱清时的两个演讲《用身体观察真气和气脉》《量子意识——现代科学与佛学的汇合处？》。

［2］Philip Ball, The Strange Link between the Human Mind and Quantum Physics, *BBC-Earth*, Feb.16, 2017.

［3］同上。

［4］“Newton’s flaming laser sword”，由哲学家迈克·奥尔德（Mike Alder）在2004年提出。

［5］“Occam’s Razor”，由逻辑学家奥卡姆的威廉（William of Occam）提出。这个原理主张“如无必要，勿增实体”，即“简单有效原理”。

# 23. 物理学的进化

［1］图片来源：WikiCommons，编者翻译。

［2］图片来源：Mark Humphrey, Paul Pancella, Nora Berrah, Idiot's Guides, *Quantum Physics*, 编者翻译。

［3］图片来源：WikiCommons。

［4］图片来源：同［2］，编者翻译。

# 番外篇 1：要么电子有意识，要么一切都是幻觉

［1］可纯数学结构是没有随机性的，那我们这个宇宙里的随机性是从哪儿来的呢？为此泰格马克必须引入平行宇宙的概念，认为随机性只是一个假象，仅仅代表我们在一大堆平行宇宙里的位置而已。

［2］Hedda Hassel Mørch, Is Matter Conscious? Why the Central Problem in Neuroscience is Mirrored in Physics, *Nautilus*, Apr. 6, 2017.

## 番外篇 2：这个宇宙的物理学并不完美，而这很值得庆祝

[1] The T2K Collaboration, Constraint on the Matter-Antimatter Symmetry-Violating Phase in Neutrino Oscillations, *Nature* 580(2020). 报道见 Dennis Overbye, Why the Big Bang Produced Something rather than Nothing, *New York Times*, Apr. 15, 2020.

## 番外篇 3：一个常数的谜团

[1] Michael Brooks, *13 Things that Don't Make Sense*, Vintage, 2008.

[2] 你可能知道，宇宙膨胀带来的红移效应也会改变谱线的位置——把谱线直接平移。我们这里说的差异，已经考虑到了红移效应。

[3] 同 [1]。

[4] Igor Teper, Inconstants of Nature, *Nautilus*, Jan. 23, 2014.

[5] Lachlan Gilbert, New Findings Suggest Laws of Nature 'Downright Weird,' not as Constant as Previously Thought, phys.org, Apr. 27, 2020. 有中文版：《在宇宙的不同方向上，这个基本常数会有所不同？》，载《环球科学》，https://huanqiukexue.com/a/qianyan/tianwen__wuli/2020/0430/29691.html。

［6］Michael R. Wilczynska et al. , Four Direct Measurements of the Fine−Structure Constant 13 Billion Years ago, *Science Advances* 6 (2020).

［7］同［1］。

［8］同［5］。

## 番外篇 4：我们生活的这个世界是计算机模拟出来的吗

［1］https://www.youtube.com/watch?v=2KK_kzrJPS8&feature=youtu.be&t=142.

［2］Nick Bostrom, Are We Living in a Computer Simulation?, *The Philosophical Quarterly*, 53 (2003).

［3］Anil Ananthaswamy, Do We Live in a Simulation? Chances Are about 50 - 50, *Scientific American*, Oct. 13, 2020.

［4］Zohar Ringel, Dmitry L. Kovrizhin, Quantized Gravitational Responses,the Sign Problem, and Auantum Complexity,*Science Advances* 3 (2017).

## 番外篇 5："量子隧道效应"的新谜题

[1] Ramón Ramos, David Spierings, Isabelle Racicot, Aephraim M. Steinberg, Measurement of the Time Spent by a Tunnelling Atom Within the Barrier Region, *Nature* 583 (2020).

[2] Natalie Wolchover, Quantum Tunnels Show How Particles Can Break the Speed of Light, *Quantamagazine*, Oct. 20, 2020.

## 番外篇 6：物理学家的冷笑话

[1] 这些故事应该都是真实的，它们散落在各种书籍和回忆录中。中国科学技术大学的范洪义教授专门编写了一本《物理学家的睿智与趣闻》(上海交通大学出版社)，搜集整理了很多类似的故事，本节未注明出处的故事都出自这本书。

[2] 卢昌海对泡利效应有过一番考证，见《泡利效应趣谈》，https://www.changhai.org/articles/science/misc/pauli_effect.php。

[3] Robert Moss, *The Secret History of Dreaming*，New World Library, 2010.

# 参考书目

以下是我创作得到App的量子力学课程及本书时使用的参考书，其中中文书名对应该书的中文版，按作者姓氏字母表排序。

1.［美］汉斯·克里斯蒂安·冯·贝耶尔：《概率的烦恼：量子贝叶斯拯救薛定谔的猫》，郭武中、阮坤明译，中信出版社2018年版。
2.范洪义：《物理学家的睿智与趣闻》，上海交通大学出版社2009年版。

3. [英] 约翰·格里宾:《不可能的六件事》，李永学译，中国青年出版社 2020 年版。

4. [英] 曼吉特·库马尔:《量子理论：爱因斯坦与玻尔关于世界本质的伟大论战》，包新周、伍义生、余瑾译，重庆出版社 2012 年版。

5. [美] 迈克斯·泰格马克:《穿越平行宇宙》，汪婕舒译，浙江人民出版社 2017 年版。

6. Anil Ananthaswamy, *Through Two Doors at Once: The Elegant Experiment that Captures the Enigma of Our Quantum Reality*, Dutton, 2019.

7. Philip Ball, *Beyond Weird: Why Everything You Thought You Knew about Quantum Physics Is Different*, University of Chicago Press, 2018.

8. Adam Becker, *What Is Real?: The Unfinished Quest for the Meaning of Quantum Physics*, Basic Books, 2019.

9. Jed Brody, *Quantum Entanglement*, The MIT Press, 2020.

10. Sean Carroll, *Something Deeply Hidden: Quantum Worlds and the Emergence of Spacetime*,

Dutton, 2019.

11. George S. Greenstein, David Kaiser, *Quantum Strangeness: Wrestling with Bell's Theorem and the Ultimate Nature of Reality*, The MIT Press, 2019.

12. Paul Halpern, *The Quantum Labyrinth: How Richard Feynman and John Wheeler Revolutionized Time and Reality*, Basic Books, 2018.

13. Steven Holzner, *Quantum Physics for Dummies*, For Dummies, 2013.

14. Mark Humphrey, Paul Pancella, Nora Berrah, *Quantum Physics(Idiot's Guides*), Alpha, 2015.

15. Marco Masi, *Quantum Physics: An Overview of a Weird World Vol I, A Primer on the Conceptual of Foundations*, Independently published, 2019.

16. Marco Masi, *Quantum Physics:An Overview of a Weird World Vol II, A Guide to the 21th Century Quantum Revolution*, MVB GmbH, 2020.

17. Lukas Neumeier et al., *Quantum Physics for Hippies*, Independently published, 2019.

18. Alastair I.M. Rae, *Quantum Physics: A Beginner's*

*Guide*, Oneworld Publications, 2005.

19. Lee Smolin, *Einstein's Unfinished Revolution: The Search for What Lies Beyond the Quantum*, Penguin Press, 2019.

20. Leonard Susskind, Art Friedman, *Quantum Mechanics: The Theoretical Minimum*, Basic Books, 2014.